全球重要农业文化遗产（GIAHS）实践与创新

中国农业出版社

北京

农业部国际交流服务中心 编

前 言
PREFACE

　　中华文明具有五千年的悠久历史，孕育了璀璨的农耕文化，创造了种类繁多的土地利用系统和农业景观，形成了充满活力并兼具经济、生态及文化价值的农业文化遗产。2002年，联合国粮食及农业组织（FAO）启动了全球重要农业文化遗产（GIAHS）工作，正式确立了农业文化遗产保护和发展的理念。中国政府率先积极响应，以浙江青田稻鱼共生系统为起点，申报了一批独具特色的农业文化遗产，GIAHS数量居全球之首。

　　中国通过实践探索，逐步建立了以多方参与机制为核心的动态保护体系，制定了"政府主导、农户参与、科技支撑、企业带动、媒体宣传"的工作方针。近年来，在农业部及相关省领导的高度重视下，通过地方政府和广大群众的共同努力和积极参与，全球重要农业文化遗产在中国已取得了巨大的社会效益、生态效益和经济效益。多数遗产所在地的生物多样性、自然景观及传统文化等得到严格保护，传统农业方式的生态智慧得到重视，农业投资显著增加，休闲农业快速发展，农民生活水平明显提高。

　　中国在农业文化遗产理论研究和实践探索方面处于国际领先水平，被FAO赞誉为全球重要农业文化遗产的领军者，中国开展农业文化遗产工作的经验已经成为了制定国际政策和制度的重要参考标准。鉴此，我中心与各相关遗产地的负责同志集思广益，编著《全球重要农业文化遗产（GIAHS）实践与创新》一书，旨在总结、分享我国GIAHS管理与保护工作的成效与经验，分析面临的挑战与问题，为农业文化遗产的保护和传承提供有益思路。

本书收录来自中国11个GIAHS遗产地的2016年度工作总结，汇总了我国各遗产管理部门在GIAHS保护和管理中探索出的有效工作手段和方法，分析了现阶段工作中存在的不足并提出了建议。此外，本书还选取了部分遗产所在地的乡村企业发展实录作为典型案例，通过对农业文化遗产的保护与适度利用，促进了农村经济、文化、环境和生态资源持续利用的全面发展，为农业可持续发展、农村产业融合发展、精准扶贫等问题的解决提供了启迪。

农业部国际交流服务中心主任

童玉娥

2017年12月

目 录
CONTENTS

浙江青田

2016 年
青田稻鱼共生系统保护工作报告

浙江省青田县

青田稻鱼共生系统于2005年被列
入联合国粮食及农业组织（FAO）首
批全球重要农业文化遗产（GIAHS）。

　　十多年来，在联合国粮食及农业组织（FAO）、中国农业部、中国科学院等单位的支持和指导下，青田县在保护的基础上，对青田稻鱼共生系统实现了有效的开发和利用。

一、青田稻鱼共生产业发展情况

　　2016年，青田县稻鱼共生面积4.5万亩[①]，水稻平均亩产446千克，田鱼平均亩产32千克，平均亩产值3 793元，总产值1.71亿元。与上年相比，稻鱼共生面积增长了7.14%，总产值增长了5.56%。青田县实施了"稻鱼共生双五千工程"5 600亩，平均亩产值5 850元，农民收入大幅增加。

---

　　①：亩为非法定计量单位，1亩＝1/15公顷，下同。

二、青田稻鱼共生系统保护与发展工作

（一）制定青田稻鱼共生系统新的十年规划

在总结2005—2015年十年保护与发展经验的基础上，青田县与中国科学院地理科学与资源研究所、北京联合大学合作，于2016年年底完成了《青田稻鱼共生系统保护与发展规划（2016—2025）》。

（二）开展稻鱼共生系统保护项目实施与监测工作

1. 实施了农业部国际交流与合作项目"GIAHS青田稻鱼共生系统保护"，投入80万元，用于宣传稻鱼共生系统、提升农耕文化展示中心和开展龙现田鱼广场基础建设。

2. 布置青田稻鱼共生系统保护与发展监测工作，落实龙现村、后金村2个监测点，建立了一个监测平台，并在监测基础上完成了2015年青田稻鱼共生系统有关年报。

（三）参加与GIAHS有关的交流、培训和会议

1. 参加2016年4月13～15日在北京召开的第三届全国GIAHS工作交流会。

2. 参加2016年4月21～23日在福州举办的中国重要农业文化遗产地管理人员

3. 参加中国和菲律宾稻作农业文化遗产地稳定性与生态系统服务评估国际研讨会，并在会上作青田经验介绍。

4. 2016年5月16～19日，参与国际生物多样性中心（Biodiversity International）、世界农业文化遗产基金会（World Agricultural Heritage Foundation）、生态系统和生物多样性经济学组织（Economics of Ecosystems and Biodiversity），在北京联合举办的中国和菲律宾稻作农业文化遗产地稳定性与生态系统服务评估国际研讨会。与会专家于2016年5月18～19日到青田方山、仁庄、小舟山全球重要农业文化遗产地考察浙江青田稻鱼共生系统，并针对相关问题进行了讨论。

5.参加2016年10月19～22日在河北省涉县举办的第三届全国农业文化遗产学术研讨会。

6.参加2016年11月9日在江西省万年县举办的中国科学技术协会第54期中国科技论坛——中国稻作起源地学术研讨会。

(四)接待有关考察、交流和调研活动

1.做好FAO总干事来青田考察的接待工作。

2016年6月5日,FAO总干事何塞·格拉齐亚诺·达席尔瓦(José Graziano da Silva)先生和农业部副部长牛盾,到青田县考察全球重要农业文化遗产稻鱼共生系统。

2.2016年5月18～19日,中国和菲律宾稻作农业文化遗产地稳定性与生态系统服务评估国际研讨会的中外专家到青田考察青田稻鱼共生系统。

3.2016年5月27日,全国水产技术推广总站李可心副站长到青田调研青田稻鱼共生系统。

4.2016年4月26号,浙江大学中国农村发展研究院、国家水稻产业技术体系产业经济功能研究室就国家现代农业产业技术体系水稻产业经济项目到青田进行"稻田养鱼"模式的相关调研。

5.2016年9月5日,美国《国家地理》杂志摄影师乔治·斯坦梅茨(George Steinmetz)来拍摄青田稻鱼。

6.2016年4月29日和6月5日,广西壮族自治区水产科学研究院和广西南宁兴季生态农业开发有限责任公司分别前来考察青田稻鱼共生系统。

(五)开展稻鱼共生技术培训和推广

1.2016年3月1日,在青田方山开展稻鱼共生技术培训,并举办《青田稻鱼共生系统》图书发行仪式。

2.2016年5月12日，青田县农业局在章旦乡召开粮食生产功能区提升暨稻鱼共生产业集聚区特色镇创建会。

3.在青田仁庄和方山等乡镇实施"稻鱼共生双五千工程"。

4.与广西南宁开展稻鱼共生和青田田鱼技术合作，推广稻鱼共生技术和青田田鱼种苗。

（六）开展青田稻鱼共生系统宣传

1.完成落实农业部委托，制作青田鱼灯具及鱼灯队全套衣服；完成制作青田鱼灯一组（18只）及相关配套服饰，并运往意大利，赠送给伟松武术馆在国外进行青田稻鱼共生系统等全球重要农业文化遗产宣传。

2.协助做好各种媒体的宣传报道。

3.分别在5期《农业文化遗产简报》上发布了5条青田稻鱼共生系统交流信息。

4.《再生稻鱼共生——亩产稻多200千克、鱼多75千克》在《农民日报》（2016年11月21日）上发表。

5.全球重要农业文化遗产青田稻鱼共生系统模式在浙江农业博览会的核心区展示，青田稻鱼、米宣传获省、市领导赞赏。

2016年11月25日，在浙江农业博览会的新农都会展中心展台上，青田人以"田鱼王"为亮点，以快板、舞蹈等多种艺术形式，充分展示了青田历史悠久的"稻鱼共生"文化。

6.2016年10月21日，青田以"稻鱼共生、农旅融合"为主题，参加2016丽水生态精品农博会暨中国长寿之乡养生名优产品博览会。

（七）开展稻鱼科学研究合作取得成效

1.完成了浙江省科技项目山区稻鱼共生技术研究与示范并结题。

2.合作发表了稻鱼共生有关论文：《稻鱼共生系统中再生稻的两个关键技术研究》（《中国稻米》）、《稻鱼共作对稻纵卷叶螟和水稻生长的影响》（《浙江农业科学》）、《不同施肥方式对稻鱼系统水稻产量和养分动态的影响》（《浙江农业科学》）、《社会生物学在现代中国农业遗产中的应用：三个浙江青田的例子(Socio-Ecological Adaptation of Agricultural Heritage Systems in Modern China：Three Cases in Qingtian County，Zhejiang Province)》[《可持续发展（Sustainability）》]、博士论文《传统稻鱼系统中的遗产多样性》等。

3.山区稻鱼生态种养集成技术推广与应用项目获浙江省农业丰收二等奖，山区稻鱼生态种养双增效技术集成研究与应公农业科技有限公司参加"上海大"全国稻田综合种养技术杯优质米评比，获银奖、技术创新银奖。

4. 推广实施"百斤鱼、千斤粮、万元钱"稻鱼生态种养模式5 000亩；宣传GIAHS稻鱼米品牌，提升稻鱼价值。

5. 稻鱼博士后工作站进驻2人。

5. 推进以稻鱼共生为特色的农旅融合2个特色镇建设。

三、2017年工作重点计划

1. 实施《青田稻鱼共生保护和发展规划（2016—2025）》。

6. 推动稻鱼产业农合联工作。

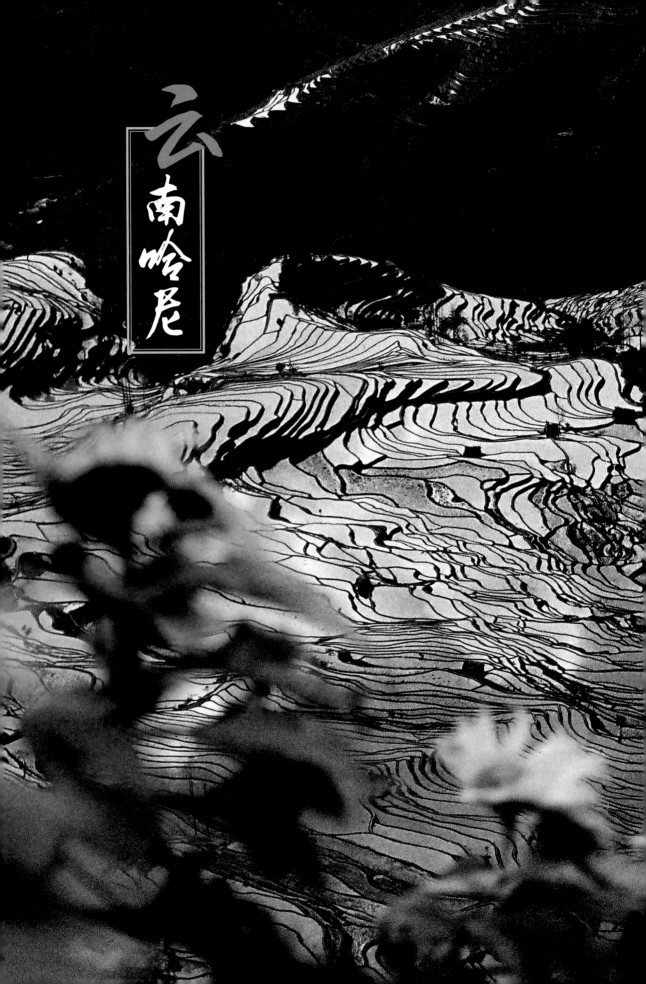

云南哈尼

强化措施 创新机制
合力夯实保护管理基础

红河州世界遗产管理局

红河哈尼稻作梯田系统，以其奇绝的景观、悠久的历史、杰出的农耕稻作文化而举世闻名。

2016年，红河哈尼稻作梯田系统保护与发展工作全面贯彻"保护优先，适度利用；整体保护，协调发展；动态保护，功能拓展；多方参与，惠益共享"的方针，按照"创新、协调、绿色、开放、共享"的五大发展理念，坚持保护文化遗产的真实性和完整性，坚持依法和科学保护，正确处理经济社会发展与文化遗产保护的关系，统筹规划、分类指导、突出重点、分步实施。在法规建设、宣传教育、产业发展、科学研究等方面，取得了新的进展和成效。

一、基本情况及获得的荣誉

红河哈尼稻作梯田系统位于云南省东南部红河哈尼族彝族自治州（简称红河州）境内，是以哈尼族为主要代表的世居民族利用当地"一山分四季，十里不同天"的特殊地理气候开创的高山梯田农耕文明奇观，主要分布在红河南岸红河、元阳、绿春、金平四县，总面积达100多万亩。红河哈尼梯田是由森林、村寨、梯田、水系"四素同构"的农业生态系统，具有人与自然、人与人和谐共处的特征，是西南少数民族生存智慧的结晶，是亚洲乃至世界农耕文明的典范，是中华民族悠久灿烂文化的重要篇章，是全人类共有的宝贵遗产。

2010年6月，红河哈尼稻作梯田系统成功列入联合国粮食及农业组织全球重要农业文化遗产。除此之外，红河哈尼梯田还先后获得联合国教育、科学及文化组织世界文化遗产、中国重要农业文化遗产、全国重点文物保护单位、国家湿地公园、中国十大魅力湿地之一等诸多荣誉。

二、工作措施及成效

（一）依法强化保护管理

一是强化依法管理，红河州世界遗产管理局制定的《红河哈尼梯田保护条例实施办法》（送审稿），已经红河州政府第四十七次常务会议审议通过。二是协调推进《红河哈尼梯田世界文化景观遗产元阳核心区保护利用总体规划》编制工作，报经红河州城乡规划委员会第七次主任会议审议通过。三是配合编制单位做好《红河哈尼梯田保护管理总体规划》及元阳、红河、绿春、金平四县哈尼梯田保护管理控制性规划已完成初稿。四是与元阳县政府共同草拟《红河哈尼梯田元阳核心区保护利用试点三年工作方案(2016—2018年)》，已由红河州政府报省级相关部门联合行文执行。五是完成红河哈尼梯田1：10000地形图测绘工作，已提交总规编制单位使用。六是认真审核，严格把关，对红河县撒玛坝梯田片区修建栈道项目、元阳县康华医院医用污水处理站项目、元阳县马街铜铁多金属矿探矿权延续项目、元阳县华西黄金有限公司金河金矿探矿权等项目进行了审核批复。七是开展遗产区传统民居挂牌保护工作。为核心区2 245栋传统民居建立了数据库，《红河哈尼梯田世界文化遗产区传统民居挂牌保护补助方案》经元阳县人民政府第二十八次常务会议研究同意，目前，此项工作正在积极争取补助资金中。八是开展遗产区哈尼梯田干涸情况普查、统计工作。目前，经过政府引导群众自救，2016年恢复稻田600亩，2017年计划恢复稻田1 000亩以上，剩余部分将在2020年前逐年恢复。九是完成2015年度全球重要农业文化遗产"云南红河哈尼稻作梯田系统"遗产地保护与发展年度报告表。

（二）不断增强保护理念

一是扎实开展好中国文化遗产日、申遗成功三周年主题宣传活动。与州级传统媒体、新媒体合作，开辟专版专栏，对哈尼梯田进行全方位、多角度深度报道。组织开展世界遗产哈尼梯田有奖知识问答活动。二是利用微信、网站、微博等新媒体，全方位宣传保护管理工作。编发微信30期，其中《后申遗时代红河哈尼梯田保护管理若干问题的思考》《哈尼族为什么要摆十月长街宴》等文章的点击量接近5 000人次。三是撰写好工作信息，及时宣传哈尼梯田保护管理工作动态。在《农业文化遗产简报》《红河日报》《云南网》《中国红河网》《新广网》等报刊、杂志、网络上及时发布工作信息。四是不断加强与各级媒体合作力度，携手宣传哈尼梯田文化。为全方位、多层次、宽领域展现红河哈尼稻作梯田系统保护管理的措施和经验，与红河日报社、红河人民广播电台达成协议，共同推送有关哈尼梯田的文化信息。

（三）稳步发展梯田经济，推进产业发展

一是开展"有机食品及生产基地认证"示范基地建设工作。目前已在金平县马鞍底乡中寨行政村的标水岩村建设了64亩种植示范基地。二是抓好梯田农特产品宣传展示工作。安排专项资金，支持、组织梯田产品生产企业参加各类农产品展览。三是全面了解各类遗产标识的使用、管理和宣传情况，确保遗产标识在哈尼稻作梯田系统区域内的正确使用，对授予使用遗产标识一周年的情况进行调研，形成了《红河州世界遗产管理局关于对世界遗产标识使用管理情况的调研报告》。四是配合中国科学院地理科学与资源研究所完成红河哈尼梯田产业发展研究课题项目。五是引进和培植一批梯田农特产业龙头企业。通过"公司＋农户"模式，建立梯田红米生产合作社，引导企业进行品牌包装，开发哈尼梯田红米、梯田茶、稻鸭蛋等生态农产品，提升产品附加值，促进遗产地农民增收。

（四）其他工作

一是启动《红河州哈尼族自然圣境与哈尼梯田生态文明调研》工作。二是邀请云南师范大学作为技术支持单位，开展了水质监测，并完成了相关技术报告。三是与西南林业大学合作，对整个遗产区水生动物的种类、数量、分布和利用价值及多样性进行了调查。四是开展全球重要农业文化遗产——红河哈尼稻作梯田系统产业发展项目研究。五是分别在四县对社区人员和管理人员开展梯田保护与管理等相关知识培训活动，共培训社区人员240人次，管理人员80人次。六是组织邀请国内知名专家学者到南部四县举办哈尼梯田文化系列讲座。

三、存在的困难和问题

尽管红河哈尼稻作梯田系统保护发展工作取得了新的进展和成效，但依然面临诸多困难和不足。一是思想认识不到位，人们对哈尼梯田多功能及其丰富的遗产价值认知不足，对保护意义认识不深。二是各县对《红河哈尼梯田保护条例》《关于加强世界遗产保护管理的决定》等法规执行不到位，无形中弱化了遗产保护的工作力度。三是在实际工作中，相关部门履职不到位，存在"散打"现象，未能形成有效的合力。四是不同程度地存在"轻保护、重利用"现象，没有形成很好的融合发展态势。五是由于哈尼梯田是活态遗产，面积广、遗产元素多、形式复杂，保护难度大、压力大。

四、2017年工作计划

2017年，红河州世界遗产管理局将按照国家、省、州的有关决策和部署，结合红河科学发展、奋力跨越的新形势，推动文化遗产保护管理工作实现"两个结合、三个原则"。"两个结合"，即"与红河州融入滇中、开放发展、跨越发展的新定位结合起来；与红河南岸精准扶贫、脱贫致富及全省全国奔小康的目标结合起来"；"三个原则"，即"动态保护、系统保护、就地保护的原则"。在探索遗产保护、建设品牌上，红河州要努力闯出一条红河哈尼稻作梯田系统保护与发展的新路子，在"十三五"期间，初步建立起农业类文化遗产保护示范区、农业生态旅游区、科学考察目的地。

具体要重点做好以下几方面的工作：

（一）认真贯彻落实云南省委、省政府主要领导在红河州调研时的重要讲话和指示精神

围绕《关于贯彻落实省委、省政府主要领导在红河州调研时重要讲话和指示精神的工作方案》，对方案中确定的相关事项进一步作任务分解和贯彻落实。

（二）落实相关文件要求

根据红河州委、州政府《关于加强世界遗产红河哈尼梯田保护管理的决定》和红河文化建设工程的要求，围绕《哈尼梯田保护提升三年行动计划》做好各项工作，争取省级相关部门对红河哈尼稻作梯田系统保护给予政策和资金支持。

（三）继续围绕保护管理职能，做好工作

在规划建设、宣传教育、科学研究、产业发展等方面要做好工作，需要抓好以下八个方面：

1.科学规划促发展，继续做好《红河州哈尼梯田保护总体规划纲要》《元阳县（除提名遗产区）梯田片区控制性规划》《红河县梯田片区控制性规划》《绿春县梯田片区控制性规划》《金平县梯田片区控制性规划》5个规划编制的后续工作。

2.强化依法管理，尽快颁布实施《红河哈尼梯田保护条例实施办法》。

3.围绕红河州60年州庆做好红河哈尼稻作梯田系统保护利用展示，做好元阳红河哈尼梯田核心区世界遗产展示中心等建设项目，启动红河、绿春、金平三县哈尼梯田文化展示交流中心等建设项目。搭建将红河哈尼稻作梯田系统保护管理、监测、展示和文化交流融为一体的保护管理平台。

4.建设完备的监测管理体系。启动哈尼梯田监测预警体系立项和监测站点建设工作，编制完成《红河哈尼梯田文化景观监测预警体系建设实施方案》。规划用四个阶段完成红河哈尼稻作梯田系统监测管理体系建设，实现完备的遗产监测自动化和数字化体系，确保遗产价值不遭到破坏。

5.协调完善遗产区旅游发展模式，让世界遗产品牌惠及老百姓，从而提高农民种植和维护梯田的积极性。让农民经营农业，让年轻人回流农村、回归梯田，促进梯田可持续发展。继续推动相关企业使用哈尼梯田的全球重要农业文化遗产标志。

6.配合做好《天边的故乡》《超级工程》和科普宣教纪录片等宣传展示红河哈尼稻作梯田系统专题片的拍摄工作。开展哈尼梯田百佳摄影点推荐活动。挖掘、整理、推介哈尼梯田的美景、美食、美的传统文化生活，通过摄影拉动农家餐饮、住宿、文化展示，发挥哈尼梯田的多功能价值，提升其社会效益和经济效益，让百姓在遗产保护中受益，在受益中调动保护梯田的积极性。

7.邀请各方面的专家对哈尼梯田产业发展、遗产区生态文明建设、哈尼梯田水生动物多样性、哈尼梯田神山神林等课题开展调查研究。

8.扎实开展"四域十片区"宣传教育工作，分层次、有针对性地进行培训，全面提升遗产地的保护管理能力。

9.做好《红河哈尼梯田志》的资料征集、编纂等工作，2017年年内完成初稿评审。

10.做好哈尼族多声部申报世界非物质文化遗产的前期工作。

"案例

云南哈尼

发展特色农业　传承农耕文化

元阳县粮食购销有限公司

　　云南省红河州元阳县粮食购销有限公司成立于2009年，是一家依托梯田资源优势，专门从事哈尼梯田红米产业培植、红米产品加工、销售，以及引进红米种植新技术、新品种，开展相关科技培训等为一体的服务型企业。

多年来，元阳县粮食购销有限公司充分利用位于农业文化遗产地红河哈尼稻作梯田系统核心区的区位优势，在大力发展特色农业的同时，注重传承和发展农耕文化，不断增加梯田产品的附加值，有力推进了梯田红米产业发展。

一、立足维护农耕环境，坚持"特色化、区域化"

公司始终秉持"自然、营养、有机、原生态"的梯田红米生产理念，坚持走特色农业产业化的路子，引进国内首台红米色选机，不仅填补了国内空白，还大大提升了生产能力，年加工红米上万吨。通过发展梯田红米精深加工，延长了粮食生产链。公司生产、加工红米线、红米糊等10多类14个品种的产品。

二、着力提升产品质量，坚持"品牌化、规范化"

公司现有3.2万亩红米种植基地，其中500亩为梯田红米原种繁育基地，红米年产量11 200吨。主导产品为"梯田印象""梯田红米""阿波红尼""土司红米"4个优质梯田红米品牌。公司在发展壮大的同时，注重科技支撑，严把产品质量关，强化产业竞争力。依托中国农业科学院作物科学研究所等院校立题研究，培育出2类适宜种植在不同海拔区域的优质梯田红米籽种。公司建立起标准化生产体系，严把基地、原料、生产环境关，形成可持续、良性循环的产业链，保障产出绿色安全的梯田食品，现代生态农业生产经营体系基本形成。红米的生产经营活动正沿着上规模、保质量、"走出去"，增效益之路不断前行。目前，公司梯田红米标准化生产率达90%以上，4 000亩获无公害认证，2 000亩获有机产地认证，申请注册了"元阳红·梯田红米""梯田印象"等6个商标和"元阳红米"地理标志证明商标。多次在中央电视台七频道、云南电视台、红河电视台等媒体宣传公司品牌。2016年，公司销售红米收入达2 122万元（其中线上销售4万余单，营业额为517.8万元）。

三、注重传承农耕文化，坚持保护与开发并重

公司始终坚持在保护中发展，在发展中保护的方针，大力传承和保护红河哈尼梯田红米丰富的文化内涵，提高红河哈尼梯田红米的知名度，打造梯田红米品牌。利用哈尼长街宴等各种节庆时间节点和各种新闻媒体，加大稻作文化和哈尼特色产品的宣传推介力度，切实提高民众对哈尼文化和红米价值的认识。公司成功举办了第一届红米文化节，并多次举办梯田红米商务洽谈会，同时还积极参加国际农产品博览会、农产品交易会、中国西部国际博览会等各类农产品展示展销会，市场反映良好。

四、种植效益与经营效益并重，坚持可持续发展

只有优质的原料才能生产出一流的产品。在经营效益不断扩大的同时，公司一直注重农户种植效益的提升，按照"公司＋专业合作社＋基地＋农户"联结机制，推广合作社"四六分账二次返利"（即合作社返给社员总利润的40%）联结机制，辐射带动农民8万多户，农户每年栽种红米的收入最高达到3万多元。通过外联市场、内联农户，形成了龙头带动、产业发展、务实脱贫、多方共赢的局面。农民在梯田的保护发展中有了更多的获得感和幸福感，极大地调动了农民种植梯田的积极性，深化了村民"珍视世界遗产，爱我梯田家园"的情怀。

目前，元阳县粮食购销有限公司生产的梯田红米已走进大超市、融入互联网销售，畅销北京、上海、广州等大城市。未来5年，公司规划发展10万亩红米稻种植示范基地，以此辐射带动20万亩梯田红米稻种植基地，带动遗产区的发展，让梯田红米走向全国、走向世界。

哈尼山寨走出的创业者

红河哈农农产品开发有限公司

李高福，土生土长的哈尼族小伙，家住红河州绿春县大兴镇瓦那村。2010年大学毕业后，他放弃稳定工作，怀揣着创业梦想和对家乡的眷恋回到哈尼山寨，立志继承、保护、发扬哈尼稻作梯田文化，决心做哈尼梯田红米线的领导者，带动哈尼族父老乡亲脱贫致富。

　　2014年，李高福在乡亲们的支持下，成立了红河哈农农产品开发有限公司。公司以"保护哈尼农耕文化"为宗旨，以"做更好的哈尼梯田产业"为理念，致力于打造哈尼梯田红米线品牌——哈农园，以"公司＋基地＋农户＋品牌"为模式，走原生态特色农业产业化道路。红河哈农农产品开发有限公司是一家集红米种植、红米线加工生产、红米线餐饮连锁服务、土鸡养殖为一体的综合农业开发公司，公司生产的哈尼梯田红米实现了从田间地头到餐桌的全产业链，创建有"哈农园""小哈尼""咚克哩"品牌。目前，公司拥有40户种植户、3家红米线连锁店、1个红米线加工厂、1个土鸡养殖合作社、1个土鸡运输中转站，并规划了3 000亩哈尼梯田无公害种养殖基地。

　　为了让全云南知道深藏在大山里的哈尼红米线，让整个中国知道，甚至让全世界都知道，李高福在每个环节、每个细节上，一丝不苟，精益求精，保证产出优质的哈尼生态食品，保障"舌尖上的安全"。在李高福和同事们的努力下，公司的影响力不断提升。2016年3月，公司核心品牌"哈农园"成功登上中央电视台财经频道"创业英雄汇"，并对接上天使投资人。公司率先制定红米线生产企业标准，取得全国首家红米线生产SC证（食品生产许可证）。2016年5月，公司主打品牌"哈农园"成功取得商标证；2016年8月，哈农园红米线荣获国家级奖项中国双创网微视频三等奖，同年获得红河州授予的全球重要农业文化遗产、中国重要农业文化遗产标志使用权。

走好生态路
养鸭也致富

郭武六

郭武六是云南省红河州红河县宝华镇嘎他村委会娘龙村村民，中共党员，现年39岁，担任嘎他村梯田养鸭协会会长。

嘎他村气候温和，降水充沛，四季分明，海拔1 800米，年平均气温13.7 ℃，非常适宜鸭子养殖。长期以来，村民们形成了"稻鱼鸭共作"的传统，把鸭子散养在梯田里，让鸭子在自然条件下生长、产蛋、繁殖。这样产出来的梯田生态鸭蛋色泽光亮、蛋黄红润、胆固醇低、口感良好，不仅是哈尼族在节庆日里餐桌上不可缺少的美味佳肴，也颇受市场欢迎。但由于一直以来，农户们小散经营、市场化率低等原因，鸭蛋质量得不到保证，市场价格也不稳定，价值未能真正体现出来。

郭武六生在梯田，长在梯田，长期的劳动实践使郭武六成为远近闻名的养殖能手，也让郭武六从看起来微不足道的鸭蛋里找到了商机。郭武六决心利用家乡独具的地理条件和丰富的自然资源创造财富，让家乡的红心鸭蛋走出大山、走向全国。

2009年5月，郭武六在村里成立嘎他村梯田养鸭协会和养鸭专业合作社，采取"合作社+基地+农户"的运作模式，不断推进养鸭产业化发展，依靠独特的地理条件和丰富的自然资源，开展品牌化管理经营、实行了统一鸭种、以户为单位的分散养殖模式，将鸭蛋统收统销，注册品牌，走出了一条以生态养鸭（实为鸭蛋）为抓手的种养结合产业化发展道路。

合作社成立之初，大部分村民对打造品牌不认可，还出现反对的情况。一天傍晚时分，郭武六去村里吴大伯家做思想工作，邀请吴大伯加入合作社。听了郭武六的想法后，他说："侄子，不要在鸭蛋上打主意了，我们从小养鸭到现在，最多是星期天到集市上用鸭蛋换一些油盐酱醋，成不了气候，还是本本实实地挖田种地吧。"这样的例子不胜枚举。多数村民都不相信小小鸭蛋能走出大山，能给他们带来经济上的创收。

经过两年不懈努力，加上红河县委县政府的"调结构促产业"等政策的支持，

嘎他鸭蛋的知名度逐步提高，市场供不应求。村民看到合作社的鸭蛋不愁卖，而且价格比零散农户买得高，渐渐地，很多村民主动加入了合作社，社员队伍发展壮大起来。

合作社统一规范养殖鸭子的品种，采取分散养殖的生产模式，将种苗以低廉的价格提供给农户，鸭子产蛋后，蛋又由合作社负责收购、品牌包装、销售。这种模式深受农户欢迎，合作社由成立之初的几户发展到现在的205户，养殖面积达3 000亩左右，鸭子2万余只。郭武六不仅积极带领本村民众走生态养殖业致富之路，还带动周边村民及贫困残疾户共同致富，发展了外村15户和外乡6户养殖鸭子。与135个贫困残疾户签订了3年的订单协议，只要农户出劳动力，其他由合作社负责。合作社的目的是：结合精准扶贫，不让一个残疾户掉队，让残疾人家庭有稳定的经济收入，过上幸福生活。目前，合作社每年保持养殖2万只鸭子、1 000只土鸡，种植300亩红米、10亩紫米的规模，年产鸭蛋60万枚、鸡蛋3万枚。目前市场供不应求，70%的产品在红河县县内销售，30%的产品销往县外。合作社还积极利用电商平台，使产品远销北京、上海、广州、福州等大城市，年销售收入200多万元。

养殖业发展的同时，还带动了种植业的发展。郭武六组织成立了梯田红米种植

合作社，吸引了200户农户参与，年产90 000千克优质红米，2 000千克紫米。合作社开展了养殖基地、孵化房、冷库等系统的生产配套基地建设。目前，合作社开发的产品有：梯田鸭子、鸭蛋、鸡、鸡蛋；梯田红米（麻蚱谷）、紫米等系列产品。注册商标有佐能、嘎他，其中"佐能"已被认定为红河州知名品牌商标。经过一系列品牌打造，合作社产品的销售价格逐步提高，原来不值钱的嘎他鸭蛋单价涨到3元／枚以上，还需提前预订，市场供不应求。

村民的腰包鼓起来，生活好起来了。

2015年，合作社获得红河州授予的第一批全球重要农业文化遗产、中国重要农业文化遗产标识特许使用权，郭武六本人也荣获农业部颁发的农业文化遗产保护与发展贡献奖。虽然经历了很多困难，可喜的是郭武六的努力得到了村民的认可，郭武六对生态养殖业更加充满信心。今后郭武六会更加努力以实际行动带领村民冲刺新的增收致富目标，让乡亲们的生活越来越美好。

江西万年

万年稻作文化系统传承与保护

江西省万年县农业局

"万年贡米"是万年县最重要、最绚丽的一张名片。

万年县委、县政府一直将保护与传承好万年稻作文化系统作为做强万年贡米文化品牌、发展万年农业农村经济的基础和重要手段，不断挖掘万年贡米的文化内涵，大力推进贡米产业化、稻作文化旅游，将文化优势转化为资源优势、转化为经济发展优势，力争做到万年稻作文化系统在保护中传承、在传承中弘扬，使万年稻作文化系统和万年贡米品牌在社会和经济发展中发挥更重要的作用。

一、2016年万年县主要做的努力

（一）进一步提升稻作文化在万年经济社会中的统领作用

万年县充分发挥稻作文化在服务全县经济社会发展的统领作用，把万年稻作文化系统作为统筹全县经济社会发展的依托和灵魂加以深度开发利用，努力宣传、创造、培植具有万年稻作文化风格和特色的文化成果和文化产业，推进稻作文化产业与科技、旅游、物流、商贸、节庆、会展等产业的融合发展。积极将稻作文化带入万年经济、社会的方方面面。

为了更好地弘扬稻作文化，打好"万年贡米"文化牌、旅游牌和经济牌，万年县委、县政府提出了"弘扬稻作文化，加速工业崛起，推进商旅互动，建设美丽城乡，全面融入南昌大都市区"这一发展思路，进一步明确了万年稻作文化在万年经济和社会发展中的核心作用和基础定位；积极在中央电视台投放"国米·万年贡，产自世界稻作文化

发源地——江西万年"的宣传广告，每年投入资金都超过千万元。万年旅游的核心就是"稻作旅游"。稻作文化是万年发展旅游业的独特优势。多年来，几届县委、县政府一直致力于将"万年"打造为稻作旅游的代名词，将万年县建设为稻作旅游的"圣地"，也取得了积极成效。

1. 专门成立了万年县传承稻作文化办公室，对贡米原产地及传统贡谷品种的各项保护措施进行了完善；继续实施保护价收购机制。2016年安排了50多万元专项经费用于传统贡谷的保护价收购。制定了《加强仙人洞风景区遗址生态保护的

规划》等一系列文件，安排500多万元对万年仙人洞进行修缮和保护，较好地规范和引导了万年稻作文化系统的保护工作。

2. 积极向中国社会科学院考古研究所申报第四次发掘。投资5 000多万元，分别启动万年县稻作文化博物馆（3 000多万元）和中国陶文化博物馆（2 000多万元）两个文化建设项目。广泛开展相关培训工作，进一步增强了遗产地贡谷及其栽培习俗的保护意识。

3. 2006年1月，万年县启动了将万年稻作习俗申报为国家级非物质文化遗产名录的工作。2014年，国务院正式公布将万年稻作习俗纳入第四批国家级非物质文化遗产代表性项目名录。

（二）更加注重稻作文化的传承与保护

1. 成功主办稻作起源地学术研讨会。11月9～10日，由中国科学技术协会主办，江西省科学技术协会承办，中国农学会、中国作物学会、中国遗传学会、中国农业历史学会和中国考古学会植物考古专业委员会共同协办，中共万年县委、县人民政府具体承办的"第54期中国科技论坛——中国稻作起源地学术研讨会"在万年县成功举行。中

国工程院院士袁隆平专门为论坛发来贺信。中国科学院院士谢华安、中国工程院院士颜龙安全程出席论坛活动。论坛报告会由江西省文物考古研究所原所长、研究员彭适凡主持。中国农业大学教授王象坤、中国科技大学博物馆馆长张居中、中国科学院地理科学与资源研究所研究员闵庆文、复旦大学教授卢宝荣、人民教育出版社历史室主任余桂元等专家分别作了主旨报告和主题发言。会议期间还举行了《中国科技论坛——中国稻作起源地学术研讨会科学家建议》即《万年宣言》的新闻发布会、万年贡米研究所揭牌仪式、电视台专题采访院士等活动，还组织参观万年县仙人洞、吊桶环遗址，考察了贡米原产地。来自全国各地的水稻科技界、农业考古界、农业文化界、农业历史学界的权威专家学者，江西省市县各级参会代表和全国各大新闻媒体记者260余人参加了会议。全国各大主流媒体和专业刊物纷纷报道研讨会及其成果，报道媒体达200余家，各种报道达300余条。此次研讨会集中展示了中国稻作起源地的考古成果，交流了中国水稻起源研究的最新进展，梳理了水稻在中国的驯化与发展脉络，论证了中国水稻起源即为世界水稻起源。研讨会发布的《中国稻作起源地学术研讨会科学家建议》即《万年宣言》提出了中国栽培稻起源于1万年前，以江西省万年县仙人洞——

吊桶环遗址为代表的长江中下游及其周边地区和以南地区的观点。

2. 做好原种万年贡谷的保护工作。原种万年贡谷最早在南北朝时期开始种植，有着悠久的历史，传承了几千年，是万年祖先留下的宝贵遗产，是构成万年稻作文化系统的重要组成部分，其中蕴藏的基因资源极其宝贵。2016年，万年县继续开展了品种的提纯复壮工作，计划用10年左右的时间恢复并巩固传统贡米的优良性状。2016年，通过绿色高产高效创建项目，万年县已与江西省农业科学院建立了合作关系，分别抽调人员共同开展此项工作。目前已经建立了15亩传统贡谷保护性栽培与育种基地。

3. 组织举办形式多样的稻作文化活动。广泛吸引群众参与，力争让稻作文化植根于更多群众的心中，激发万年人作为稻作文化起源地居民的自豪感和传承、弘扬保护稻作文化的意识与责任。2016年，万年县先后举办了多次以稻作文化为主题的书画大赛，还在贡米原产地举办了多次以贡米收割节、插秧节、农耕体验、生态稻作休闲等为主题的稻作文化体验活动，这些活动的参与者不仅有中小学生，也有社会各界人士；既有万年人，也有很多慕名而来的外地游客，取得了非常好的效果。

4. 深入挖掘稻作文化内涵。从农业遗址、农业技术、农业物种、农业民俗等方面入手，万年县系统收集、整理了与万年稻作文化系统有关的资料和文化表现形式，不断提炼挖掘稻作文化内涵。编辑出版了大型文献类图书《人类陶冶与稻作文明起源地——世界级考古洞穴万年仙人洞与吊桶环》，向世人介绍稻作文化。此外，还编辑出版了《稻作文化简明知识读本》《稻作文化看万年》《万年稻作文化研究》《稻源之窗》《稻香万年》等稻作文化书籍和刊物。广泛挖掘、收集并编撰"神农"文化以及富有稻作文化特色的南溪跳脚龙灯、青云抬阁、乐安河流域"哭、嫁、吟、唱"和盘岭大赦庵的传说等相关民间民俗资料。

5. 推动将万年稻作文化系统写入教科书的工作。为了使万年稻作文化系统得到全面宣传和稻作文化知识得到全面普及，按照有关专家学者建议，万年县正在全面推动将万年稻作文化系统列入中小学课堂教材和农村文化培训教材的工作。经过几年努力，万年县作为世界稻作文化发源地已经写进了《干部教育读本》，中国博物馆出版的考古文化丛书等。经过联合国教育、科学及文化组织核定的上海2007年版中学历史教科书，已把"江西万年仙人洞"作为最早稻作起源地写入其中。江西省政府也将上报教育部，争取将万年稻作文化知识写入我国中小学教科书。

（三）积极推进独具特色的万年稻作旅游

万年旅游的核心就是"稻作旅游"。万年一直将万年稻作文化系统作为打造并做强万年旅游的核心概念，以万年独特的稻作文化优势为抓手，积极开发围绕稻作文化的旅游项目，着力把文化资源优势转化为旅游产业优势，促进文化与旅游全方位相融互动，倾力打造独具特色的万年稻作旅游业。2016年，万年县稻作旅游业取得了突飞猛进的发展。据统计，全年完成旅客接待270万人次，同比增长16%。

1.万年稻作文化主题公园经过一年多的建设，已于2016年8月正式完工，成为万年展示稻作文化的重要窗口。园中大量关于万年稻作文化系统的雕塑、景观为广大游客提供了更多、更直接了解稻作文化起源与发展的机会，进一步加强了万年人民作为稻作起源地居民的自豪感。

2.万年县仙人洞、吊桶环遗址博物馆易地重建。该项目投资3 000余万元，目前主体工程建设已基本完成，正在装修布置，计划近期开馆。

3.推进万年稻作文化系统与陶文化的有机融合。围绕万年陶起源的相关概念，万年县投资2 000余万元建设了中国陶文化博物馆，目前基建工程已基本完成。

4.建设稻作文化新景观。神农宫旅游区围绕稻作文化概念，于2016年8月建成一批呈现"稻作文化"元素的新景观。

（四）更加注重产业发展在遗产可持续保护中的作用

只有让农民受益、让产业得到发展，才能真正实现重要农业文化遗产的保护与传承。万年县让企业在保护与传承中唱主角，在创新发展中培育稻作文化，通过弘扬稻作文化，倾力培育万年贡米品牌、稻作旅游品牌，积极推进贡米产业转型升级，最大限度地把稻作文化遗产资源优势转化为品牌优势，让品牌优势转化为发展优势、经济优势。

1.加大科技引进与创新力度，积极推进、强化"与院士合作、与院校合作"，积极引进新技术、新品种，赋予万年贡米品牌与稻作文化新活力，赋予万年贡米品种新优势。万年县委、县政府特聘袁隆平院士为万年贡米产业发展首席顾问，袁隆平、谢华安、颜龙安和陈温福四位院士在万年贡米集团联合设立的院士工作站已全面开展工作。另外，万年县与江西农业大学、江西省科学院、江西省农业科学院、中国科学院亚热带农业生态研究所等院校签订了校县、院县等框架合作协议，一大批技术合作项目正在推进。

2.在创新发展中培育稻作文化，积极推进贡米产业转型升级。裴梅、大源等有"稻作文化"资源的乡镇纷纷打出了"鸭稻共栖，蛙稻共栖"和"有机稻物联网私人订制农场"

等稻作文化生态牌，万年稻作文化生态、自然、安全的形象被进一步确立。

3.大力推进产业建设。2016年，万年县重点推进了占地面积374亩的国米文化生态产业园建设，主要包括建设稻作文化博物馆、稻作文化体验馆、稻作文化村及稻作度假村、国米加工厂、贡米酒厂、精制植物油加工厂等，也包括一批"世界稻作文化发源地"特有的标志性景点和建筑。

二、万年县农业文化遗产保护工作存在的问题

1.虽然万年县政府在遗产保护工作中发挥了重要作用，也取得了重大的成效，但因县财政较为困难，难以充分满足一些公益性保护行动的资金需求，更难以全面发挥政府在规划实施过程中的主导和引导作用，实施遗产后续保护所面临的资金困难依然非常严峻。

2.虽然制定并实施了一系列原种贡米栽植的鼓励措施，但仍难以体现种植原种贡米的比较优势。农民种植原种贡米的积极性不高，种植面积只能保持在保护性栽培水平。

3.与工作先进地区相比，万年县在遗产保护相关的产业深度开发中缺乏有效而灵活的手段和措施，企业

参与、资金参与、人才参与的力度有限，影响了遗产保护的可持续性。

4. 遗产保护主体过于单一，目前还基本以政府保护为主，虽然万年县政府在宣传方面做了大量工作，但广大企业、群众参与的意识及成效仍不够理想，特别是缺少有实力的企业参与。

5. 对万年稻作文化系统遗产保护与发展缺乏系统的规划，遗产保护的各项工作统筹、整合及衔接性、连贯性不够，缺乏整体性。

三、下一步工作打算

1. 启动万年稻作文化系统保护与发展规划的编制工作。

2. 进一步加大对万年稻作起源地、万年贡米品牌及万年稻作文化的宣传与推介活动。举办组织更多内容、更多形式的稻作文化保护与体验活动。

3. 全力配合投资59亿元、占地1 000亩的"国米"文化产业园及稻作文化博物馆、稻作文化体验馆、稻作文化村及稻作度假村等项目的建设。

4. 成立万年稻作文化研究会。

5. 推进万年贡米的产业升级与科技支撑。

发挥稻作文化优势，打造定制农业

江西正稻生态农业有限公司互联网私人定制农场项目概况

　　江西正稻生态农业有限公司成立于2014年9月，该公司创始人、董事长罗会敏是万年本地人，大学毕业后一直在深圳创业发展，经过多年的打拼，取得了较大的成功，也积累了丰富的管理经验，拥有前瞻性的眼光。

本着对农业未来前景的期盼，特别是对家乡万年贡米的深厚感情，经过充分调研，罗会敏决定在万年贡米原产地创办江西正稻生态农业有限公司。该公司利用万年县稻作起源地和全球重要农业文化遗产地的文化优势，秉承回归自然、热爱生命、享受生活的理念，着力树立产品的文化属性、生态优势、健康内涵，运用"互联网＋农业"运行机制，致力于万年县泉谷湾互联网私人定制农场项目的开发、建设、销售和运营，在实现企业发展壮大的同时，更好地传承、保护万年传统稻作文化，帮助支持贡米原产地农民脱贫致富和改善环境。

万年县泉谷湾互联网私人定制农场位于万年贡米原产地核心区——万年县裴梅镇荷桥村，共规划1 800亩生态稻田，全部由公司直接管理种植。2015年公司首期种植了400亩，2016年规模扩大到1 000亩。万年贡米原产地具有独特的自然优势，山高林密，昼夜温差大，生态系统完整，病虫害少。公司采用完全传统的耕种方式种植水稻，不用农药、除草剂，施有机肥。为

了增加客户的体验感和认同度，公司同期引入了产品可追溯系统，包括安装24小时无线监控系统、50台太阳能杀灭虫灯及相应的可追溯系统，可实时监控水稻生长，客户通过互联网，可随时掌控自己农场的耕种细节。2015年11月，该公司的生态贡米经过北京方面的权威检测为农药零残留，2016年公司获得了有机农产品转换认证书。

在确保产品品质优势的同时，为充分利用万年稻作文化优势和全球农业文化遗产地优势，该公司更致力于产品内涵的挖掘，特别注重为产品赋予更多、更独特的文化属性。公司每年都会积极组织形式

多样的稻作文化活动，广泛吸引群众参与，力争让稻作文化植根于更多群众的心中，同时也让更多用户认识产品、体验产品、接受产品。2016年6月1日，公司举办的泉谷湾插秧节及开秧门活动上了中央电视台新闻；公司还分别于6月27日举办了南昌小记者团农耕体验活动，10月18日举办了泉谷湾贡米收割节。2016年泉谷湾私人定制农场的秋收盛况，被中央电视台现场直播。借助这些活动，包括新华社、人民网、中国新闻社、中国网、中国日报网、香港卫视、《江西日报》、江西卫视、中国江西网、《上饶日报》、上饶电视台等各种新闻媒体进行了大量的宣传报道，不仅进一步宣传

了万年稻作文化、万年贡米，更迅速扩大了"正稻小种"品牌的知名度和美誉度。

通过对产品文化属性的开发，2016年泉谷湾互联网私人定制农场项目的运营取得了巨大成功，开发的1 000亩生态贡田全部被认购完毕。其中个人和企业认购近600亩，其他电商平台认购了余下的近400亩。客户来自全国各地，朋友圈也越来越大，北京、上海、杭州、温州、广州、深圳、香港等地的居民，通过微信公众号、网站、朋友圈介绍，陆续成为农场的地主。北京正品网、江西大江网、万年惠客网以及正邦集团的上海山林食品有限公司也成为农场的战略合作伙伴。通过"稻作文化+优良生态+有机产品+最新互联网+"模式，通过线上电商平台的合作推广和线下各地商会的众筹推广，实现了江西正稻生态农业有限公司真正意义上的O2O定制模式的成功。

江西正稻生态农业有限公司的成功确保了公司目标得以快速实现，同时对提高当地农民的经济收入也有非常重要的意义。公司先将从农民手中通过有偿流转的1 000亩耕地进行整片水稻种植；在种植过程中，再返聘农民在流转的土地上耕作。这样，农民不但有每亩750元左右固定的耕地流转收入，并且还可以从每亩田地上获得1 500元左右的劳动收入。据统计，2015年1 000亩的农场返聘了近150位农民加入农场耕作。

贵州从江

做好农业遗产保护与传承
增强产业发展后劲
促进农民增收

从江县人民政府

　　贵州从江侗乡稻—鱼—鸭系统自2011年和2013年分别被列入全球重要农业文化遗产(GIAHS)和中国重要农业文化遗产(NIAHS)保护试点以来，从江县委、县政府十分珍惜这份荣誉，依托这一资源优势，把全县的农耕文化、民族文化、乡村旅游文化、休闲农业文化结合起来，推进农文旅融合发展模式。

在农业部、中国科学院、农业部全球／中国重要农业文化遗产专家委员会以及贵州省农业委员会等单位领导专家的关怀、帮助、支持和指导下，从江县委、县人民政府高度重视，全县各级各部门及广大人民群众积极参与和配合，使从江县的农业文化遗产保护与发展工作得以顺利开展。

一、从江县基本情况

从江县位于贵州省东南部，地处黔桂两省（区）交界。全县面积3 244平方千米，山地面积占全县总面积的94%。县境内居住有苗、侗、壮、瑶、水等13个少数民族。辖19个乡镇，294个行政村11个社区（居委会），总人口35.2万人。县境地势起伏较大，沟河发育密集，生态环境优美，水源丰富，水质无污染。现有稻田总面积17.5万亩，其中适于发展养鱼的稻田达12万亩。从江稻田养鱼历史悠久，将鱼、鸭引入稻田，形成稻鱼鸭系统。独特的生态环境，孕育了多种动、植物地方品种和丰富多彩的民族文化，被誉为"养心圣地·神秘从江"。

二、工作开展情况

（一）制定规划，助推发展

制定了《从江农业文化遗产保护发展规划》《从江农业文化遗产保护管理办法》和《从江县中国GIAHS保护试点标志使用管理规则》。

（二）明确保护范围，划定保护区域

贵州从江侗乡稻—鱼—鸭系统是从江的传统农耕文化。因此，从江县把全县19个乡镇都列入保护范围。在此基础上划定6个乡镇的15个行政村为核心保护区域。重点是把从江糯禾—鱼—鸭、稻—鱼—鸭、国家湿地公园——加榜梯田、小黄侗族大歌和岜沙苗寨等各个区域的功能、保护目标纳入定期评估和监测，充分调动群众参与农业文化遗产保护与发展的积极性。

（三）纳入预算，强力保护

为加强农业文化遗产保护与发展，从江县一方面积极争取部、省各级的产业发展、财政扶贫等项目经费500多万元，支持农户发展稻鱼鸭产业。另一方面县政府将农业文化遗产保护经费纳入县级财政预算，每年安排300万元，专项用于稻—鱼—鸭种养殖的保护和发展。

三、主要做法

（一）创建示范点

在划定保护区内的乡镇创办"稻鱼鸭系统保护与发展技术示范点"33个，实施稻鱼鸭复合种养技术，在每亩稻田放入田鱼120～150尾、从江土鸭20～25只。年发展示范面积1.6万亩，带动推广稻鱼鸭种养殖面积11万亩以上。示范点采取合理稀植稻禾、施用有机肥料、开挖鱼沟、搭建鱼窝、鸭舍、田间科学挂放诱虫板并设置太阳能物理杀虫灯等措施，形成了一整套绿色立体病虫害生物防治体系，提升了稻鱼鸭产品的品质。2016年4月，在西山镇拱孖村创建"稻鱼鸭种养殖示范点"。11月在该村的香禾糯原种保护种植展示区建设完成了田埂石板步道340米。建设完成具有民族特色的从江侗乡稻鱼鸭复合系统"观光亭""休闲亭"两处基础设施，为该村开展乡村休闲、生态农业观光旅游打基础，以利于带动农民增收致富。

（二）培育重点户

充分利用传统田鱼苗培育资源，引导农户完善传统田鱼苗培育设施，增加科技含量，提高鱼苗的成活率。扶持并培育了从江县刚边乡平正村龚青春、西山镇拱孖村潘友恩等一批示范户，通过传统田鱼苗、地方商品鱼销售，户均增收3万元，人均增收6 700元。既传承了祖先遗留下来的鱼苗繁殖技术，又带动

了群众增收脱贫。

（三）强化技术培训

利用新型职业农民技能培训和扶贫"雨露计划"等培训项目，举办稻田养鱼、养鸭、鱼种培育、水稻高产栽培等培训咨询达5 000多人次，为项目推广提供了人才保障。

（四）抓好产品认证

从江县紧紧围绕贵州从江侗乡稻—鱼—鸭系统农产品"三品一标"认证，着力打造生态农业品牌，提升农产品附加值，提高农户收入。截至目前，已申报大米、香禾糯的有机产品转换认证5个。"从江香禾糯""从江椪柑""从江香猪"已经通过农业部农产品地理标志评审，成功注册地理标志产品。"从江田鱼"农产品地理标志目前正在申报中。

（五）抓好龙头企业引领

通过招商引资注册成立黔东南聚龙潭生态渔业有限公司，按照"公司+合作社+农户"生产模式，为广大养殖户提供鱼苗、养殖管理技术，以及产品回购等一系列服务，实现了产、供、销一体化经营。

（六）发展多渠道销售农产品

建立稻—鱼—鸭主题餐厅和从江

稻—鱼—鸭农耕产品实体店，使养殖农户的产品走进餐厅，走进实体店，为农户生产出的农产品拓宽销路，增加农户收入。

（七）开展传统村落保护

自2012年起，从江县积极开展从江传统村落的发掘和保护工作。经中国传统村落保护和发展专家委员会评审认定批准，从江县被列入中国传统村落名录的村落有32个，占贵州省传统村落的7.5%。2015年以来，得到上级专项资金6065万元，实施了传统村落环境保护、消防设施改造，极大地保护并改善了传统村落人居环境。

（八）加强宣传和交流

1.开展国内外交流。在国际上，2016年6月，从江县组团赴韩国参加研讨会并交流发言。10月26～28日，联合国粮食及农业组织（FAO）和FAO部分区域秘书处，以及意大利、英国、南非等18个国家的30多位官员、专家，来到从江县参加第三届联合国粮农组织"南南合作"框架下全球重要农业文化遗产高级别培训班，听取国内农业文化遗产专家作《传统智慧启发未来农业可持续发展之路》的主题报告，参与培训活动，并实地调研了从江侗乡稻鱼鸭复合系统。

在国内，2016年4月13～15日，在北京参加第三届全球重要农业文化遗产（中国）工作交流会。9月20～22日，在内蒙古敖汉旗参加第三届世界小米起源与发展国际会议。10月19～22日，在河北省涉县参加第三届全国农业文化遗产学术研讨会。10月23～26日，全国农业展览馆副馆长苑荣率全国农业展览馆、贵州省农业展览馆、贵州省农业委员会对外经济合作处领导、专家赴从江调研贵州从江侗乡稻—鱼—鸭系统，并部署调研遗产地总体保护现状与措施、配套设施建设等工作事项。11月17～19日，内蒙古敖汉旗农业局农业文化遗产保护中心专家一行赴从江考察贵州从江侗乡稻—鱼—鸭系统，并广泛开展交流学习。

2.2016年，向农业部全球／中国重要农业文化遗产专家委员会秘书处、中国农学会农业文化遗产分会、中国科学院地理科学与资源研究所自然与文化遗产研究中心主办的《农业文化遗产简报》期刊，撰写并提供《贵州从江加榜梯田获批国家湿地公园》等简报31条（2016年1～6期），其中经验交流27条，涉及国内活动2条、资讯要闻2条。简报搭建了从江县与全国农业文化遗产地交流学习的平台。

（九）有序开展各项大型活动，提升农业遗产地的文化价值

1.2016年5～8月，从江县在洛香镇四联村成功举办以"建设美丽侗乡、弘扬民族文化、发展乡村旅游"为主题的美丽乡村荷花节活动。

2. 2016年3～10月，中央电视台军事农业频道栏目摄制组专门到从江县拍摄了以中国重要农业文化遗产为主题的电视科教文化纪录片，多角度、全方位、立体式展现了遗产地的传承发展状况和助农增收作用。

3. 2016年10月14日，第二届中国传统村落·黔东南峰会之联合国教育、科学及文化组织——乡村保护国际论坛，在"世界最后一个枪手部落"——贵州省从江县岜沙苗寨隆重举行。20多名来自联合国教育、科学及文化组织和国内知名文化专家莅临会议，并作《共创共建共享——构建传统村落保护与发展新型关系》的主题演讲。

4. 2016年9月，作为贵州省委、省政府文化创新一号工程的40集电视剧《云上绣娘》剧组入驻从江县。《云上绣娘》由贵州省委宣传部和贵州王马影视传媒有限公司联合出品，是一部集扶贫励志、乡村爱情和民族文化为一体的电视剧，该剧拍摄地以从江县为主。拍摄完成后将在中央电视台一频道黄金时段连播，预计会提升从江的知名度和影响力。

（十）完成全球重要农业文化遗产保护与发展监测工作

自2016年4月开始，农业部、中国科学院部署农业文化遗产监测工作以来，从江县农业局领导高度重视监测工作，按照工作要求，精心组织，成立了全球重要农业文化遗产保护与监测工作实施小组，该小组由水产站牵头，农业技术推广站、各乡镇农业服务中心、村组干部积极配合确定了高增乡小黄村等5个监测点，并在监测点展开土地利用、人口统计、农业生物资源、重要农产品生产与销售、新型农业经营主体、旅游接待能力、文化产品开发、文化设施利用、传统技术应用、经济收入等方面的调查和监测，并提交了监测工作报告，顺利完成了工作任务。

四、取得的成效

（一）稻田单产明显提高

从江县示范推广稻鱼鸭种养殖面积16 135亩，其中标准化示范面积2 600亩，扶贫示范面积13 535亩。带动发展总面积11.35万亩。涉及18个乡镇209个村10 465户，覆盖贫困人口9 187户、37 313人。补助发放鱼苗322.7万尾，鸭苗33.27万羽。亩产稻田鲤鱼28.3千克，鸭平均亩产44.7千克，稻谷平均亩产570千克，亩产值6 000元，基地实现总产值9 681万元。

（二）企业带动有成效

目前，从江县引进大米加工龙头企业3家。其中，年加工能力达3万吨的贵州月亮山九芗农业有限公

司已研发有"九芗"贡米、"九芗"香禾糯等低、中、高端三大系列8个产品，有1～25千克不同规格包装，30多个品种。其中，中低产品每千克4.4～5.6元，高端产品每千克达40～76元。2016年，加工稻谷1.34万吨，年销售收入3652多万元。全年发展订单生产达到3.6万亩，带动农户8000多户，其中建档立卡贫困户有3700多户、9300余人，农户年平均增加收入3000

元以上。贵州月亮山九芗农业有限公司于2016年6月开始正式发展电子商务，陆续在淘宝网、黔货出山等互联网平台上建立了自营店铺，上架九芗生态米、紫米、贡米及有机米等13个产品。截至2016年12月，网上自营店铺已成交2600多单，成交额共计30余万元。

（三）助推农旅融合发展

从江县民风淳朴、民俗文化丰富。从江县有世界非物质文化遗产侗族大歌之乡——小黄，枪手部落——岜沙苗寨，国家湿地公园——加榜梯田和先知侗寨等，这些村寨既是乡村旅游景点，又是传统村落，同时也是"贵州从江侗乡稻—鱼—鸭系统"的核心保护区。

近年来，从江县充分利用全球重要农业文化遗产平台，邀请或协助多彩贵州文化艺术有限公司、贵州省企业文化研究会、美国TVS传媒公司和杭州中闻影视等企业在岜沙苗寨、小黄等传统村落，先后拍摄了《鸟巢》《侗族大歌》《树图腾》等享誉国内外的影片，大大提高了从江县的知名度，助推了农文旅融合发展。五年来，全县累计接待游客435万人次，旅游总收入达29.8亿元，年均增长25.7%。2016年国庆黄金周旅游接待呈井喷式增长态势，全县共接待中外游客32.6万人次，同比增长98%；实现旅游综合

收入2.35亿元，同比增长90%。

（四）促进生态环境保护

通过对稻田田埂的加固提高和实施水利部小型农田水利建设重点县项目，极大地提升了稻田的防渗稳水和有效灌溉功能。加榜梯田成为国家湿地公园试点，岜沙苗寨荣获"全国生态文化村"和"贵州省生态文明教育基地"称号，促进了生态保护，提高了遗产地价值。

五、存在问题

1.实施稻鱼鸭示范点面积过大且分散，存在技术、管理、资金脱节等问题，示范效果不明显。

2.农业文化遗产工作繁重，人员缺乏，工作开展难度大。从江县水产站承担GIAHS贵州从江侗乡稻—鱼—鸭系统

保护项目、稻鱼鸭生态产业园区建设、基层水产技术推广技术服务指导等三大板块业务，而目前水产站实有人员2人，其中一人年龄较大，能力、精力有限，难以胜任这一繁重工作。

3.从江县地处偏远、经济文化落后，保护农业文化遗产意识不强。传统农耕生活对年轻人缺乏吸引力，从事农耕的劳动力都在50岁以上，今后将面临农耕传承断档的问题。

六、下一步工作计划

1.继续加强对稻田养鱼养鸭传统农耕文化的保护与宣传，进一步创办好示范点，充分发挥以点带面、点面结合的示范作用，不断扩大标准化种植面积。

2.通过标准化稻鱼鸭示范基地建设，完善生产模式和配套技术，培育一

批集专业化种养、品牌化经营、综合效益凸显的新型种粮大户、家庭农场和专业合作社，做大做强稻鱼鸭产业。

3.在重要示范点设置高规格的全球重要农业文化遗产石碑标志，展示农业文化遗产的魅力。

4.紧紧围绕贵州省"大扶贫、大健康、大数据"的战略目标，坚守黔东南州委、州政府生态和发展"两条底线"，利用好生态环境和民族文化"两个宝贝"的战略定位，进一步推动农文旅融合发展模式。着力开发全球重要农业文化遗产旅游地，打造大健康旅游休闲品牌。充分利用"互联网＋"，统筹做好农耕文化、民族文化、乡村旅游文化和自然山水的保护与挖掘，加快融入"桂林旅游圈"和"东盟陆路旅游环线"，把从江县打造成为国际旅游度假目的地、民族文化旅游健康养生目的地和中国乡村旅游最美县。

5.积极参与国内外广泛交流，充分借鉴国内外的成功经验，加快从江县农业文化遗产保护与有效开发利用。

6.以2018年第十三届贵州省旅游发展大会将在从江县加榜梯田举办为契机，加快建设国家湿地公园试点——加榜梯田全球重要农业文化遗产博物馆和农耕文化展示厅，充分发挥加榜梯田作为全球重要农业文化遗产地和国家湿地公园的示范作用，赋予传统农耕文化新动能，推动当地百姓脱贫奔小康。

7.完成农业部、中国科学院地理科学与资源研究所、贵州省农业委员会交办的各项工作事务。

在今后的农业文化遗产保护工作中，从江县将立足当今，着眼长远，坚持开放合作，加强内外联动，实行动态保护，以保护促发展，为实现全球重要农业文化遗产的动态保护做出有益的探索。

七、建议

1.从江县县政府要进一步重视全球重要农业文化遗产保护、传承与利用工作，设置专门的农业文化遗产管理机构、配置专门管理人员和明确纳入财政预算的专项经费。

2.加大对从江县农业文化遗产保护政策和相关项目的支持。从江县加勉乡是贵州省确定的20个极贫乡镇之一，该乡有20个行政村，80个村民小组，总户数2 497户，共8 674人。有劳动力5 301人。其中有极贫困户1 427户，极贫困人口4 933人，贫困人口劳动力2 456人。2017—2020年明确实施稻鱼鸭综合种养产业脱贫项目4 000亩，采取"公司＋能人＋示范场＋贫困户"的产业脱贫模式，通过项目基金的支持，实施精准扶贫，确保极贫困人口脱贫。

"案例

案 例

贵州从江

从江创办稻鱼鸭示范点
帮扶贫困户致富

贵州省从江县农业局

贵州从江侗乡稻—鱼—鸭系统是从江县山区农民赖以生存的耕作方式，历史悠久。当地群众充分利用稻田水面资源，将鱼、鸭引入稻田，形成稻鱼鸭共生的复合系统，一田多用，有效缓解了人地矛盾。

从江县以其丰富的生物多样性、独特的农业复合生产模式、古朴的少数民族传统文化，2011年成功入选联合国粮食及农业组织全球重要农业文化遗产（GIAHS）保护试点。2013年被农业部列入中国重要农业文化遗产保护试点。2015年，从江县侗乡稻鱼鸭生态示范园经贵州省人民政府批准为省级农业园区。从江县发挥农业文化遗产品牌优势，大力发展稻鱼鸭生态种养殖产业，县内涌现了一批脱贫致富的典型案例。农业文化遗产为国家级贫困县从江的发展注入了新的动力。

一、农业文化遗产与现代农业园区结合

1. 从江县创建西山镇拱孖村稻鱼鸭生态种养殖示范基地，面积200亩，示范户143户。采取"公司+合作社+农户"的经营模式，发展农民合作社1家，示范推广稻田高产养鱼，实行订单生产，公司回收商品鱼。通过增加稻田养鱼鸭设施，安放黄色黏虫板和物理杀虫灯，引鱼、鸭入田；开展技术培训指导等措施，示范基地实现了"稻、鱼、鸭"三丰收，亩产优质稻520千克、糯禾350千克、田鱼60千克、香鸭40千克，亩产值7 000元以上，户均增收3 350元，人均增收950元。

2. 在刚边乡平正村积极创办平正鱼苗繁殖示范基地。该村成立鱼苗繁殖专业合作社，入社社员50户，在理事长龚青春引领下，年复一年在春季利用各自的稻田繁殖鱼苗，销往县内外。2016年从江县农业局组织水产技术人员对从江田鲤繁育基地设施实行技术改造升级。经努力，完成繁殖产卵池和鱼苗孵化池技术改造升级：建设亲鱼繁殖产卵池20个、孵化池120个，搭建遮阴避雨保温棚580多平方米，完善进排水管道2 000米，开展科技指导25次，协助合作社申请国家发明专利2项。2016年合作社培育鱼花、寸片鱼苗、发展商品鱼等，年创产值200多万元，户均销售纯收入2.9万元，通过稻田养鱼实现家庭人均增收0.67万元。

二、农业文化遗产创业案例

石候生是从江传统田鱼养殖大户。他从广东打工返乡创业，并于2015年1月创办了含量养鱼场。养鱼面积10亩，其中利用溪沟筑坝7.5亩、加高田埂蓄水2.5亩。2016年，培育规格鱼苗25万多尾，产值18万元，纯收入12万元。石候生对辐射带动高麻、平中、鸡脸、银平等村的农户发展本地鱼苗生产起到了积极示范作用。

三、农业文化遗产品牌建设与供给侧改革案例

1. 从江县农业局积极支持贵州月亮山九芗农业有限公司创建品牌。一是与该企业签订"GIAHS""NIAHS"标识应用协议。二是协助该企业与广大水稻种植户签订订单生产协议。2016年，贵州月亮山九芗农业有限公司研究开发的大米有3大系列近8个产品："九芗"贡米、"九芗"香禾糯、"九芗"黑糯米、"九芗"香米、"九芗"精优米等。向市场推出1～25千克各种包装近30多个品种。其中，1～5千克包装上带有"GIAHS"标识和"NIAHS"标识。从江县还开发了电子商务销售平台。目前，从江县已实现年加工销售大米8 700吨，香禾糯85吨，紫米37吨；实现年销售收入3 652万多元，净利润194.2万元。2016年从江县发展订单农业达3.6万亩，带动农户0.8万户，其中建档立卡贫困户3 700多户，9 300余人；农户年平均增加收入3 000元以上。

2. 积极协助支持从江丰联农业有限公司巩固发展有机大米生产和销售。自2010年以来，在从江县往洞乡增盈村建设有机大米生产基地770亩，年产有机大米300多吨，用带有"GIAHS"标识的1～5千克小包装上市。通过发展电子商务，增强品牌效应，完善产业链，提高产品价值，实现了企业增效、农户增收。

让侗乡稻鱼鸭在
农业文化舞台上放光彩

贵州月亮山九芗农业有限公司董事长　夏云刚

　　从江县位于贵州省东南部，毗邻广西，
境内多丘陵，世居有苗、侗、壮、水、瑶
等族，少数民族比例高达94%。

从江县当地侗族是古百越族中的一支，曾长期居住在东南沿海，因为战乱辗转迁徙至湘、黔、桂边区定居。虽然远离江海，但该民族仍长期保留着"饭稻羹鱼"的生活传统。稻—鱼—鸭系统距今已有上千年的历史，最早起源于溪水灌溉的稻田。随溪水而来的小鱼生长于稻田，侗乡人秋季一并收获稻谷与鲜鱼，长期传承演化成稻鱼共生系统；后来又在稻田择时放鸭，同年收获稻鱼鸭，形成了"种植一季稻、放养一批鱼、饲养一群鸭"的农业生产方式。如今侗族是唯一全民没有放弃这一传统耕作方式和技术的民族。2011年，贵州从江侗乡稻—鱼—鸭系统入选全球重要农业文化遗产保护试点地；2013年，入选第一批中国重要农业文化遗产。尽管早在十多年前国内外农业专家就对贵州从江侗乡稻—鱼—鸭系统给予关注，但是祖先遗传下来的宝贵农耕文化遗产及其价值并没有被当地民众所重视，古老、传统的生态农业在侗乡的田野中自生自灭，没有得到产业化开发。

从空间上看，系统中的各种生物具有不同的生活习性，占有不同的生态位。水上层的水稻、长瓣慈姑、矮慈姑等挺水植物为生活在其间的鱼、鸭提供了遮阴、栖息的场所。表水层的眼子菜、苹、槐叶萍、满江红等漂浮植物、浮叶植物靠挺水植物间的太阳辐射及水体的营养生长繁殖，从稻株中落下的昆虫是鱼和鸭的重要饵料来源。鱼主要在中水层活动。底水层聚集着河蚌、螺等底栖动物，细菌以及挺水植物

的根茎和黑藻等沉水植物，一些螺、河蚌等可为鸭捕食。

从时间上看，侗乡人根据稻、鱼和鸭的生长特点和规律，选择适宜的时段让它们和谐共生。播种水稻，在下谷种的半个月左右放鱼花；四月中旬插秧，鱼的个体很小，可以与水稻共生；稻秧插秧返青后，田中放养的鱼花体长超过5厘米时放养雏鸭；水稻郁闭、鱼体长超过8厘米左右时放养成鸭；水稻收割前稻田再次禁鸭，当水稻收割、田鱼收获完毕，稻田再次向鸭开放。

根据多年来总结的经验，采用稻—鱼—鸭复合系统耕作有五方面的好处：

1.可以有效控制病虫草害。稻瘟病是水稻的重要病害之一，但是在贵州从江侗乡稻—鱼—鸭系统中其发病率和病情指数明显低于水稻单作田；在贵州从江侗乡稻—鱼—鸭系统中，鱼、鸭通过捕食稻纵卷叶螟和落水的稻飞虱，减轻了害虫对水稻的危害；鱼和鸭的干扰与摄食使得杂草密度明显低于水稻单作田。

2.可以增加土壤肥力。在稻—鱼—鸭系统中，鱼和鸭的存在可以改善土壤的养分、结构和通气条件。鱼、鸭吃掉的杂草害虫等可以作为粪便还田，增加土壤有机质含量；鱼、鸭的翻土增大了土壤孔隙度，有利于肥料和氧气渗入土壤深层，有深施肥料、提高肥效的作用；鱼、鸭扰动水层，还改善了水中空气含量。

3.可以减少甲烷排放。在贵州从江侗乡稻—鱼—鸭系统中，鱼、鸭能够消灭杂草和水稻下脚叶，从而影响甲烷菌的生存环境，减少甲烷产生；最重要的是鱼、鸭的活动增加了稻田水体和土层的溶解氧，改善了土壤的氧化还原状况，加快了甲烷的再氧化，从而降低了甲烷的排放量和排放总量，尤其是在稻田甲烷排放高峰期最明显。

4.可以储蓄水资源。侗乡人用养鱼来保证田间随时都有足够的水，如此鱼才不死，稻才不枯，鸭才不渴。为了保证田块水源不断，雨季时尽可能多储水，侗乡的稻田一般水位都会在30厘米以上。这种深

水稻田具有巨大的水资源储备潜力，具有蓄洪和储养水源的双重功效，俨然一座座"隐形水库"。

5.可以保护生物多样性。侗乡人保留了多样性的水稻品种。而且，良好的稻田生态环境保持了丰富的生物多样性。螺、蚌、虾、泥鳅、黄鳝等野生动物和种类繁多的野生植物共同生息，数十种生物围绕稻鱼鸭形成一个更大的食物链网络，呈现出繁盛的生物多样性景象。

从江侗乡稻—鱼—鸭系统在国际农业文化舞台上大放光彩之后，贵州月亮山九芗农业有限公司意识到形成产业化的富民良机，决定将这个历史悠久的农耕文化遗产做成产业。2016年，在往洞、斗里、刚边等乡镇建立了面积1 000亩的稻鱼鸭试点工程，结合传统的农业生产方式和科学的管理技术，当年秋收后抽查一户来测产验收：亩产香禾糯352千克，按公司收购价每千克10元，农户收入3 520元；得本地鸭23千克，按本地市价每千克40元，收入920元；得鱼22千克，按市价每千克60元，收入1 320元，合计亩均经济收入达到5 760元，鱼鸭相加比常规耕作收入多2 240元，试点区内农民共增收224万元。试点工程取得了良好的生态效益与经济效益。

从江侗乡稻鱼鸭产品在市场上广受欢迎，消费者以能吃到绿色生态食品为荣，市场前景十分广阔。今年贵州月亮山九芗农业有限公司将稻—鱼—鸭复合系统工程扩大到5 000亩并做好宣传推广工作，让传统生态农业走进从江县千家万户。

云

南普洱

加强重要农业文化遗产管理 推动一二三产业融合发展

——普洱市以重要农业文化遗产 为新引擎推动休闲农业快速发展

普洱市人民政府

　　普洱市云南普洱古茶园与茶文化系统已分别被联合国粮食及农业组织和中国农业部列为全球重要农业文化遗产和中国重要农业文化遗产双遗产。

普洱市以云南普洱古茶园与茶文化系统获得全球和中国双重遗产为契机，以建设国家绿色经济试验示范区为抓手，以"绿色发展为导向、提质增效转方式"为发展方向，坚持"生态立市、绿色发展"，打造"天赐普洱·世界茶源"的城市品牌。依托普洱市得天独厚的农业自然资源禀赋和古茶园农业产业优势，加强对农业文化遗产的保护和开发利用，按照"以旅助农、以旅促农、以旅富农"的发展思路，促进重要农业文化遗产与一二三产业融合发展，推动普洱市休闲农业快速发展。

一、普洱市休闲农业发展基本情况

普洱市休闲农业以建设"旅游强县、旅游小镇和旅游特色村"为措施，完善公共服务体系建设，加大扶持引导，鼓励发展休闲农业与乡村旅游，加速提升休闲农业与乡村旅游的规模和层次，在全市形成市、县、乡（镇）多层次推动休闲农业和乡村旅游发展的良好局面，促进农村经济发展和农民增收，满足城乡居民农业休闲的需求。2016年普洱市共有休闲农业经营主体1 648个，其中：农家乐1 096户，休闲农庄23个，民俗村36个，休闲农业园33个等；种植基地面积2.2

万亩，从业人员7 075人（其中农民就业人数5 977人），带动农户9 761户，接待游客473.37万人（次），营业收入5.9亿元，上缴税金2 358万元，利润总额9 977万元。宁洱县磨黑古镇被评定为云南省休闲农业与乡村旅游示范点。云南柏联普洱茶庄园有限公司、云南龙生茶业股份有限公司等11家企业被评定为云南省休闲农业与乡村旅游示范企业。澜沧县景迈芒景村被农业部授予"中国最有魅力休闲乡村"荣誉称号。上报认定芒景村、那柯里村、景吭村、上允角村等12个村为云南省特色旅游村，认定民俗村403个，普洱"绿三角"旅游核心景区——景迈芒景景区被列为中国民间文化遗产旅游示范区。拉祜族创世史诗《牡帕密帕》、拉祜族《芦笙舞》两个项目被列入国家级非物质文化遗产保护名录。

二、普洱市开展农业文化遗产保护的主要工作

（一）加强对古茶园的保护，推动可持续发展

普洱市邀请有关专家学者到澜沧景迈芒景、宁洱困鹿山、镇沅千家寨，对云南普洱古茶园与茶文化系统遗产地核心区的现状与问题、

普洱茶文化的主要形式及其对经济社会发展的意义、当地政府和村民对茶文化的认识与保护愿望等内容进行了深入探讨和实地考察，与市县相关部门进行共同研究，划定古茶园的保护范围，加强对古茶树资源的保护管理，制定发展规划。在做好云南普洱古茶园与茶文化系统应有保护的前提下，结合县（区）的特点，将古茶园等纳入休闲农业与乡村旅游规划，研究发展方案；成立澜沧景迈古茶战略诚信联盟，制定古茶加工技术规范和古茶产品标准，提高古茶产品质量，为古茶可持续发展和农民的持续增收提供保障。为了加强对古茶园的保护，对核心区澜沧景迈、芒景、翁基等列入全国第一批传统村落的古村落民居进行规划维修、环境整治和消防设施建设；对宁洱困鹿山古茶园村寨进行搬迁，推动古茶树资源可持续利用。

（二）以农业文化遗产核心区良好的生态和古茶园古茶资源为依托，积极开展休闲农业与乡村旅游

利用农业文化遗产核心区良好的生态和古茶园古茶资源，大力发展休闲农业与乡村旅游。坚持科学规划、科学发展、可持续发展，生态立市，走"绿色生态"发展之路，打造"天赐普洱·世界茶源"的城市品牌。开发利用、资源保护与生态建设相结合，在旅游资源开发中坚持"保护第一，开发第二"的原则，打造出了农业文化遗产核心区的澜

沧—孟连—西盟"普洱绿三角"、镇沅哀牢山野生"茶树王"、那柯里茶马驿站、宁洱困鹿山古茶园等精品乡村旅游线路。

（三）借鉴古茶园生物多样性大力发展生态茶园

云南普洱古茶园与茶文化系统包括古茶树资源与古茶园生态系统、相关传统知识及其应用和普洱茶文化三部分，具有多重价值，特别是其生态价值和高品质茶叶产品，对现代茶园的发展具有借鉴意义。普洱市借鉴古茶园生物多样性大力发展生态茶园建设，全市共有茶园面积299万亩，其中野生茶树群落117.8万亩，栽培型古茶园18.2万亩，现代茶园163万亩。其中，建设生态茶园面积136万亩，普洱市被确定为国家农产品（茶叶）加工示范基地。生态茶园建设是通过种植美化、绿化、覆荫树种，增添茶园美感，丰富茶园景色，将现代茶园改造成生物多样性立体生态茶园。传统古茶园农业系统在现代茶园中的具体应用，不但提高了茶园的生物多样性，也使得茶叶的食品安全得到保障；生态茶园的建设形成了古代茶园和现代茶园共同构成壮观的传统农业景观和构筑技术，形成符合当地自然、环境特征的传统民居和乡土建筑，具极高的景观文化价值，为休闲农业发展提供了休闲、观光、体验产业基地，对该区域内生物多样性的维护起着重要的作用。

（四）依托农业文化遗产资源，丰富休闲农业内容

借助云南普洱古茶园与茶文化系统农业系统申报成为全球（全国）重点农业文化遗产的有利时机，深入挖掘普洱茶文化，开发普洱茶文化、茶马古道文化等旅游产品。依托农业文化遗产优势资源，通过科学整合资源，整合资金，重点投入，打造推出以普洱茶文化为主题的重要农业文化遗产核心区，如澜沧县惠民景迈芒景千年万亩古茶园旅游区、中华普洱茶博览苑、茶马古道遗址公园、那柯里茶马驿站、千家寨旅游区等，将普洱打造成世界茶文化旅游休闲度假养生胜地。同时，在保存和保护丰富的野生植物资源（生态系统、服务系统）的前提下，充分发挥普洱古茶园和茶文化的文化传承和农业多功能性等文化遗产优势，促进普洱市的生态文明建设、社会主义新农村建设和农业可持续发展。

（五）加强重要农业文化遗产管理，推动一二三产融合发展

在加强农业文化遗产管理的同时，大力发展休闲农业产业，促进农民就业增收，推进农民幸福家园建设。集中打造一批以普洱茶为主题、一二三产融合的农业庄园（精品庄园12个），重点开展普洱茶产品及普洱茶文化生产、加工、推介、宣传、体验；发展了一批"农家乐"，成为社会消费新热点、社会主义新农村建设新亮点。仅澜沧县遗产核心区景迈古茶园景区发展休闲农业为主的第三产业，2016年接待游客就高达31万人次；当地群众发展酒店、农家旅店、客栈63户，农家饭店76户；发展古茶采摘、制作体验、品鉴的企业（专业合作社户、种植大户）40余户，以销售古茶系列产品及当地土特产等为业的农民平均年收入可达2.2万元。实现农村经济发展和农民增收致富新增长点，有力促进城乡经济社会一体化发展。

（六）以农业文化遗产为引擎，推动休闲农业快速发展

引导农业文化遗产核心区的农户大力发展休闲农业，以农业文化遗产核心区为核心，带动周边地区大力发展休闲农业与乡村旅游。通过多年的培育，农业文化遗产核心区休闲农业初具产业雏形。进一步拓展农业功能、调整农业结构、改善农村环境、促进生态保护、扩大农民就业、促进新农村建设、增加农民收入，逐步形成以城镇为中心的周边农庄观光度假、民俗文化、购物娱乐、绿色生态、文化科教、农家乐特色饮食等多种功能于一体的吃、住、行、游、购、娱的综合产业体系。利用遗产地

举办的"祭茶祖"、开耕祭祀、新米节（庆丰收）等传统农业祭祀以及节庆活动，宣传云南普洱古茶园与茶文化系统，传承农耕文化，提升群众保护农业遗产的意识。

三、主要经验

（一）领导重视、机构健全是前提

普洱市委、市政府历来高度重视全球重要农业文化遗产的申报、管理工作，成立了以市长为组长，分管副市长为副组长，相关部门为成员的申遗领导小组，领导小组下设办公室，办公室设在业务主管部门，并将工作经费纳入市级财政预算。

（二）加大宣传推介是关键

通过各种民族节活动、展览展示推介、教育培训、大众传媒如拍摄纪录片等方式，宣传、普及全球重要农业文化遗产知识，提高广大人民群众的认知度和自豪感，有利于云南普洱古茶园与茶文化系统的保护和利用。

（三）完善法律法规、规范管理是保障

坚持依法行政，采取动态保护、适应性管理与可持续利用等方式，保护云南普洱古茶园与茶文化系统。

（四）保护前提下开发利用

普洱市人民政府以云南普洱古茶园与茶文化系统申报全球重要农业文化遗产保护试点为契机，加大宣传推介，提高了当地居民和社会公众对保护云南普洱古茶园与茶文化系统重要性的认知度和支持度，当地居民不再滥伐古茶树、破坏古茶园，从而加强了古茶园的保护。鼓励人们利用古茶园资源，采取可持续的方式进行经营活动，增强当地居民的农业文化遗产保护意识和文化自豪感。

四、存在的主要问题

（一）云南普洱古茶园与茶文化系统面临威胁

人口增长、不合理采摘、过度开发、大面积毁茶种粮、种甘蔗、单一化茶园替代以及在紧邻古茶园周围建新茶园等，导致古茶园生态系统退化。

（二）传统茶文化受到冲击

传统茶文化是云南普洱古茶园与茶文化系统的重要组成部分，从茶叶种植、采摘、加工和饮用的相关知识，到围绕茶形成的资源分配制度、自然崇拜、节庆活动（社会风俗、礼仪）等，都对该农业系统的维持具有重要意义。但是，随着现代文化对传统文化的不断冲击，很多年轻人对传统茶文化的认知受到影响，加上熟知传统生活习俗、宗教信仰、礼仪的老人相继离世，传统茶文化的传承也面临威胁。

（三）古茶市场价格的影响

古茶园生产的古茶产量低、规格不齐、市场化和深加工程度低，但其高品质获得了消费者的认可，相应也具有了较高的价格。商家过分炒作使得古树乔木茶原料紧缺和价格暴涨，利益驱动和难以控制的抢摘，使茶

农已等不到芽苞伸长，没有芽叶便摘老叶，过度采摘现象屡见不鲜，给古茶园的保护带来不利影响。

五、今后重点工作

（一）进一步完善机构，健全法律法规，确保可持续发展

建立健全市、县级古茶树资源保护与管理机构，明确职责，守护好人类共同的文明成果；按照《古茶园与茶文化系统全球重要农业文化遗产管理办法》，坚持"动态保护、协调发展、多方参与、利益共享"的管理原则，确保云南普洱古茶园与茶文化系统全面、协调、可持续发展。

（二）继续加大古茶树、古茶园保护教育的宣传力度

普洱市各级人民政府特别是基层人民政府继续定期、不定期向古茶树、古茶园所在地的居民进行宣传教育，不断强调古茶树、古茶园保护的重要性，使当地居民不再滥伐古茶树、破坏古茶园，同时引导当地居民积极投身到古茶树、古茶园的保护行动中来。将普洱古茶园与茶文化融入"普洱茶叶节"，用节日庆典彰显普洱茶厚重的历史和文化，让广大群众充分了解云南普洱古茶园与茶文化系统相关知识和重要意义，营造全民参与保护的良好氛围，全方位打造全球重要农业文化遗产这个品牌。

（三）制定《普洱古茶园与茶文化重要农业遗产保护与发展规划》

将云南普洱古茶园与茶文化系统保护试点的保护与可持续发展规划纳入普洱市人民政府国民经济和社会发展规划，促进协调、科学、可持续发展。

（四）制定遗产地农产品开发管理办法

在做好古茶树保护的基础上，制定遗产地农产品开发管理办法，充分挖掘古茶树的资源优势，按照传统普洱、文化普洱、科学普洱及人文普洱的理念，进一步延长普洱茶产业链，以"科学普洱"引领普洱茶向更高层次发展，树立普洱茶品牌，健全质量安全管理和监督体系，不断提高质量、优化品质，提供更好的生态、绿色、安全优质的产品。

（五）要进一步加强交流学习

积极向管理规范的遗产保护区学习，学习他们成功的管理经验和管理模式，为云南普洱古茶园与茶文化系统的保护和开发制定更加科学的管理办法，保护好重要农业文化遗产普洱古茶园与茶文化系统，确保普洱古茶园与茶文化农业系统全面、协调和可持续发展，着力把"天赐普洱·世界茶源"打造成为中国著名、世界闻名、世人瞩目的普洱国际品牌。

案例

云南普洱

传承农业文化遗产
创建澜沧古茶品牌
促进产业融合发展

澜沧古茶有限公司副总经理　袁涵

一、县情概况

澜沧拉祜族自治县（简称澜沧县）地处云南省西南部，位于普洱、临沧、西双版纳三州（市）交汇处，辖20个乡（镇）、161个村委会（社区），总人口49.8万人，县域面积8807平方千米，山区、半山区面积占98.8%，居云南省（129个县）第二位、普洱市第一位。国土面积和总人口约占普洱市的1/5，是全国唯一的拉祜族自治县。世居少数民族有拉祜、佤、哈尼、彝、傣、布朗、回、景颇族8种，少数民族占全县总人口的79%，其中拉祜族人口占全县总人口的43%、占全国拉祜族人口的1/2、占全球拉祜族人口的1/3。有2个边境乡、8个边境村与缅甸接壤，边境线长80.563千米，具有山水相连、民族相通、文化相近的区位优势，是建设我国面向南亚东南亚辐射中心的黄金前沿。澜沧县有原始社会末期、封建领主制向地主制转化期直接过渡到社会主义社会的拉祜、佤、布朗3个"直过民族"，人口达22.88万人，贫困程度深，贫困面大。目前全县尚有11个建档立卡贫困乡（镇）、103个贫困村、13.93万贫困人口，占总人口的28%，占全市贫困人口的1/3以上，是国家扶贫开发工作重点县，是全市、全省脱贫攻坚的主战场。

二、澜沧古茶有限公司基本情况

澜沧古茶有限公司由1966年始建的澜沧县茶厂改制重组而成，现有股东57个，员工145人。公司占地面积76亩，厂房面积13000平方米，拥有初制车间、普洱茶车间、筛分车间等完备的生产线，年可加工各种青绿茶3000吨、普洱茶2000吨。自有基地5000多亩，茶叶初制所6个，茶农2700多户、1万多人，专业合作社55个。公司资产总额24585万元，1998年以来上缴税金5844万元，已发展成为云南省的龙头企业之一，连续四届获得云南省著名商标、云南名牌产品、普洱茶十大品牌等荣誉称号。

三、主要做法及成效

近年来，特别是普洱景迈山古茶林被联合国粮食及农业组织评选为全球重要农业遗产保护试点以来，公司依托县内邦崴、景迈芒景的千年万亩古茶园资源，以传承和保护全球重要农业文化遗产为使命，积极打造品牌，畅通销售渠道，投入资金近1亿元，在全国各省、市、自治区建立销售平台，有经销商500多家，直营店5家，品鉴中心10家，产品远销东南亚各国及德国、法国、日本、韩国等国。2016年，实现产量644吨，产值11 576万元，销售总额1.1亿元，利税3 996万元。

公司的主要做法有：

1. 严格选材，打造普洱茶品牌。对原材料加工过程进行严格监管，在产品出厂、发货、上市、流通、品鉴交流、储存各个环节，设置区域服务经理进行质量把关。倡导健康普洱理念，丰富产品类型，重点打造本位、重器、和润、自在四大品牌，茶叶产品种类达600余种。结合市场需求调整产品结构，设计时尚新颖的产品包装，推出花式普洱系列，迅速打开了国内外消费市场。历经三年时间，推动云南普洱茶和广东新会陈皮两个优势产业深度结合，研发出陈皮普洱，产品一经推出就获得消费者肯定。

2. 创新模式，推动立体化营销。建立核心经销商、专营店、品鉴中心、专柜、电子商务结合的立体营销网络。实施专营店战略，把全国划分为十大区域，逐个推进专营店落地，制定营销星级标准，按签约任务量、综合素质、经营成本、合作年限四个要素，对专营店进行星级评分，按照星级标准配货。目前，公司已在全国31个省、市、自治区建立520个办事处、品鉴中心及专营店，有经销专柜500多家，会员近10万人。

3. 宣传推广，提高产品附加值。打造普洱茶原产地文化，在普洱市木乃河园区建立品牌文化中心，加强普洱茶文化展示和宣传，并为全国各地专营店提供招商服务和培训。加大推广力度，在全国各地举办200余场茶友品鉴会，发表300多篇茶叶品鉴文章，注重产品体验和情感体验。牵手明星艺人，开展澜沧古茶高端文化活动，积极组织和参与慈善拍卖、救助捐款、节日慰问等社会公益事业，不断提高澜沧古茶的知名度和认可度。

4. 多元化运作方式，促进产业融合发展。一是采取"公司+基地+农户"产业化模式，公司与茶农签订承包经营合同，明确企业和茶农的责、权、利，充分调动茶农的生产经营积极性，逐年上调收购价格，带动茶农持续增收。二是通过与政府合作，推进茶魂谷建设项目，发展庄园经济，形成一个生产、销售、产品展示、休闲养生和旅游文化的整条产业链，促进一二三产产业融合发展，实现公司赢利和农民获利的目标。

四、存在的困难和问题

1. 机械设备老化。公司专营店遍布全国，随着市场份额扩大和竞争加剧，对茶叶产量和质量要求更为严格。由于公司生产机械老化，厂房空间不够，现有生产设备已不能满足市场需求，公司只能严格控制专营店数量，严重制约了公司的长远发展。

2. 资金投入不足。"十三五"期间，公司预计投入资金5 000万元，改扩建15 000～20 000平方米的厂房和仓库，添

置相应机械配套设施。目前，虽然一期厂房已投产使用，但由于缺少流动资金，影响了公司接下来的改扩建进度。

3.初制所建设滞后。打造普洱茶品牌最薄弱环节在茶叶初制加工阶段。目前，公司大部分初制厂的技术、卫生、机械条件达不到标准，小、散、乱问题突出，影响了茶叶品质提升。

五、下一步工作打算

当前公司在打造澜沧古茶品牌、传承和保护全球重要农业文化遗产的光荣使命中存在一些不足和困难。下一步，公司会紧紧抓住普洱市建设国家绿色经济实验示范区、普洱景迈山古茶林申报世界文化遗产、创建国家AAAA级旅游景区的机遇，主要做好以下三方面工作：

1.在中国科学院、中国工程院等科学院所院士、专家的帮助支持下，在古茶的生产、加工和市场营销方面进行深入探讨研究，促进澜沧古茶品质不断提升，确保澜沧古茶品牌的知名度和美誉度。

2.在普洱党委、政府的关心支持下，实施好茶魂谷建设项目，使之成为普洱绿三角普洱茶文化产业的孵化器，引导县内茶产业和茶文化旅游业走品牌化道路，在澜沧创造出一个"茶文化产业硅谷"。

3.争取国家省市县有关政策和项目扶持，按照普洱市出台的标准化产房改造标准，加大资金投入，弥补茶叶加工的薄弱环节，添置一批机械设备，改造仓库产房，改善生产条件，促进澜沧古茶有限公司健康发展。

内蒙古教汉旗

内蒙古敖汉旗农业文化遗产
保护与发展工作报告

内蒙古敖汉旗人民政府

2016年，为做好农业文化遗产保护与开发管理工作，根据全球／中国重要农业文化遗产保护与发展规划的相关要求，结合敖汉旗"把文化软实力转变为现实生产力"的战略目标，全旗农业文化遗产保护与发展工作积极稳步推进。通过采取有效措施，加大宣传工作力度，集中优势，对全旗范围内传统农业种植品种进行了搜集、整理，建成全球重要农业文化遗产品种保护基地，开展了传承传统文化、共建现代文明等活动。努力在保护与传承农业文化的基础上，维护和打造旱作农业杂粮品牌，促进全旗农业更好更快发展。

一、工作完成情况

（一）积极开展农业文化遗产保护工作

1.传统农家品种入户搜集与整理工作。2016年春季，组织技术人员到具有杂粮杂豆种植传统的丰收、贝子府、金厂沟梁等乡镇，开展农家传统种植品种入户搜集整理工作，走访80余户，搜集到谷子、黍谷、高粱、黑芸豆等传统农家品种35个。

2.建设全球重要农业文化遗产品种保护基地，加强濒危品种保护。建成品种保护基地1处，面积17亩。该基地集品种保护、新品种引进于一体，采用现代科技手段，实时田间动态监测，有效避免试验误差，提高试验数据准确度。基地设置8个区，即：藜麦品种引进试验区，传统杂粮杂豆品种保护区，鹰嘴豆品种引进试验区，传统大豆品种保护区，传统谷子品种保护区，传统谷子品种繁育区，传统玉米、高粱品种保护区和谷子新品种引进试验区。种植15种作物371个品种，其中引进藜麦4个、鹰嘴豆152个、谷子160个；种植传统谷子品种21个，荞麦、黍谷、糜子、绿豆等品种计22个，玉米2个，高粱4个，油葵1个；繁育传统谷子品种2个，大豆3个。

3.开展传统文化传承、共建现代文明活动。2016年2月15日（农历正月初八），敖汉旗四家子镇青城寺隆重举行了蒙古族"祭星"仪式，有市、旗相关部门负责人、社会各界人士及附近地区群众1 000余人参加。人们通过扭秧歌、舞狮子、守佛灯、燃放烟花、咏祭文、跳查玛舞、敬香、跪拜、撒五谷、触摸魁星石等系列活动，祈求风调雨顺、国泰民安。5月19～23日，在"中华祖神"红山陶人整身像出土地——兴隆沟举办了民间祈雨活动。老百姓通过朝拜祭祀活动，祈祷"一季风雨顺、百里粟黍香"，祝福敖汉人民"万事如意、幸福安康"。活动不仅提高了人民群众对农业文化的认识，还营造出村镇民俗文化氛围，既传承了古老的农业文化精神，又培养了现代文明意识。

（二）扎实推进农业文化遗产相关产业发展

1.建基地，促杂粮品质提档升级。建设优质杂粮基地100万亩，其中包括绿色杂粮基地6万亩、有机杂粮基地2万亩，总产达到2亿千克以上。建成新惠镇传统谷子种植基地3 000亩，四家子镇高产谷子示范片5 000亩、旱作农业景观田500亩，古鲁板蒿乡绿色谷子示范片1 000亩，金厂沟梁镇有机谷子示范片1 000亩，兴隆洼镇高粱种植示范片2 000亩，牛古吐乡旱作农业示范片1 000亩，贝子府镇农业示范片3 000亩。

2.扶龙头，发挥企业链条带动作用。扶持内蒙古金沟农业发展有限公司、敖汉旗惠隆杂粮种植农民专业合作社、内蒙古蒙惠实业有限公司、刘僧米业有限公司等杂粮加工企业，采取"龙头企业+合作社+基地"形式发展杂粮产业，初步形成了龙头企业带动、合作社补充的发展模式。其中，内蒙古金沟农业发展有限公司杂粮精加工项目，小米、荞麦米、荞麦面、荞麦皮枕、杂豆精选和玉米碴等6条生产线近期全部试机生产。该公司2016年销售杂粮5 000吨，主要销售市场已经拓展到北、上、广、深等城市。

3.加大品种研发力度，开展航天育种工作。依托中国农业大学抓好谷子、荞麦品种选育及品种审定工作；与中国航天科技集团公司、北京神舟绿鹏农业科技有限公司实施谷子等杂粮品种的航天育种工作。2016年9月15日，敖汉谷子、高粱、荞麦、文冠果等种子样品搭载天宫二号航天器飞上太空，2017年1月种子样品回到敖汉。

4.开展休闲农业、观光农业的研究、规划与示范。承担2016年赤峰市社会科学联合会科研课题研究，敖汉旱作农业系统保护与休闲农业协同发展对策研究课题评价良好。同时，敖汉旗全面规划休闲农牧业与乡村牧区旅游资源，制定《乡村旅游标准与规范》，加大投资规模，完善基础设施和服务项目，开发特色产业和特色产品，加快乡村旅游事业发展。在农业文化遗产品牌的影响带动下，全面升级和打造了敖汉旗敖苇庄园、古河畔庄园、青泉谷山庄等特色乡村旅游点。2016年，溢满源生态农庄、敖苇庄园被列为赤峰市休闲农牧业与乡村牧区旅游示范点。

5.建设了农业文化遗产主题餐厅。依托农业文化遗产品牌，鼓励特色种植、养殖于一体的家庭农场、农庄建设，着力生产有机生态食品，打造从田间到餐桌的有机绿色直供通道。发展观光农业和休闲农业，让现代文明反哺自然，让人与自然和谐发展。2016年年初，敖汉旗成功打造出第一个农业文化遗产样板餐厅（敖汉旗一村乡土铁锅宴），所有食材全部来源于敖汉旗溢满源生态农庄。

（三）全面加强农业文化遗产管理工作

1.制定出台《敖汉旗全球农业文化遗产标识使用与管理办法（试行)》。为加强敖汉旗全球农业文化遗产标识管理，规范全球农业文化遗产标识的使用监督，维护生产者、经营者和消费者的合法权益，敖汉旗按照相关法律法规制定了《敖汉旗全球农业文化遗产标识使用与管理办法（试行)》，该管理办法经旗政府第四次常务会议研究通过，于

2016年4月21日印发实施。该管理办法明确了农业文化遗产标识使用的申请、使用与管理、监督与检查等内容，为提高敖汉旗农产品质量及品牌辨识度提供了助力。

2.组织召开有机产品示范区认证培训会。为推进敖汉旗有机产品认证示范区工作，全面提升敖汉旗有机产业发展水平，2016年5月11日敖汉旗组织召开有机产品示范区认证培训会。会议聘请了国家有机产品高级检查员、高级畜牧师孟繁荣进行授课，针对发展有机产品的意义、基本知识、认证程序和相关法律法规，以及敖汉旗地

域特色和有机产品发展现状进行了讲解，提高了与会人员对有机产品的重视程度，加深了对有机产品认证的认识。2016年，敖汉旗被认定为国家有机农产品创建示范区。

3. 制定并公布了《敖汉小米国家地理标志产品管理规范》。为了加强对敖汉小米的保护管理，维护敖汉小米生产者、经营者和消费者的合法权益，规范敖汉小米的生产经营秩序，保证敖汉小米品质特色，做大做强敖汉小米产业，根据《中华人民共和国食品安全法》等法律法规规定，制定了《敖汉小米国家地理标志产品管理规范》。2016年4月25日，地方标准《地理标志产品敖汉小米》通过了内蒙古自治区专家审查，予以公布实施。

4. 协助召开内蒙古自治区农业文化遗产管理人员现场培训会。为贯彻落实中央1号文件精神，做好全国农业文化遗产普查工作，内蒙古农牧业厅于2016年7月18～20日在赤峰市举办了全区重要农业文化遗产管理人员培训班，来自全区各地的70余名农业文化遗产管理人员参加了培训。培训班学员在敖汉旗接受了现场教学，认真学习了敖汉旗农业文化遗产保护与发展工作经验，为各地开展农业文化遗产普查及今后做好农业文化遗产保护与发展工作提供了思路和做法。

5. 积极做好农业文化遗产监测工作。2016年，依据农业部关于做好农业文化遗产地年度监测工作的相关要求，敖汉旗确定了兴隆洼镇大窝铺村、四家子镇热水汤村、新惠镇扎赛营子村为重点监测村，通过查阅资料、实地调研、入户走访等形式对内蒙古敖汉旱作农业系统保护与发展核心村进行监测。并定期向农业部汇报敖汉旗农业文化遗产保护与发展工作情况。7月27日，农业部农村经济研究中心农业文化遗产调研组来敖汉旗调研，对内蒙古敖汉旱作农业系统保护与发展及监测工作给予了充分肯定。

（四）积极开展农业文化遗产宣传与推介活动

1. 组织企业参加展会，协助承办农展会分会。2016年3月29日，2016年赤峰·中国北方农业科技成果博览会暨全国农高会新丝绸之路创新品牌展示交易会在赤峰市开幕。本届农博会为期3天，有来自全国20个省份及美国、加拿大、荷兰、西班牙等10个国家的1 200多家参展商进行展示、展销、交易和交流。敖汉旗组织敖汉惠隆杂粮种植农民专业合作社、内蒙古金沟农业发展有限公司等多家企业参展，杂粮等特色农产品受到顾客青睐。敖汉旗协助承办了4月8日的2016年赤峰·中国北方农业科技成果博览会敖汉分会，设立了"全

球重要农业文化遗产——敖汉旱作农业系统"展示区，现场发放了农业文化遗产知识宣传单，多渠道展示敖汉旱作农业及谷子产业取得的成绩，解答旱作农业谷子种植需要注意的问题等，既收到了良好的宣传效果，也为农民朋友们提供了丰富多彩的农业技术与农业文化遗产保护知识大餐。

2.组织会议。2016年4月12日，组织召开了内蒙古谷子（小米）产业技术创新战略联盟暨敖汉小米产业协会会员大会。各位参会代表结合自身实际，对联盟、协会的发展献言献策。会议达成共识，即保护品牌，让敖汉谷子的价格与品牌相称，使谷子成为敖汉人民增收的主导产业。

3.出版发行《内蒙古敖汉旱作农业系统》系列读本。为了加大农业文化遗产保护与发展宣传力度，让更多的人了解八千年农耕文明，中国重要农业文化遗产系列读本《内蒙古敖汉旱作农业系统》由中国农业出版社出版发行。为广大读者打开一扇了解内蒙古敖汉旱作农业系统的"窗口"，提高了全社会对农业文化遗产及其价值的认识和保护意识。现已通过各级各类会议、送文化下乡等形式向来宾、农牧民发放5 000余册。12月，该读本荣获赤峰市第四届

社会科学优秀成果政府奖著作类二等奖。

4.配合农业部中国重要农业文化遗产摄制组央视七套《农广天地》及纪录片《大国根基》完成调研、拍摄工作。2016年8月4日，央视七套《农广天地》中国重要农业文化遗产摄制组来敖汉旗调研拍摄，实地走访了敖汉旗农业文化遗产保护核心区农户、杂粮企业、合作社，深入了解了内蒙古敖汉旱作农业系统保护与发展情况。敖汉旗悠久的农耕历史、丰富的品种资源、良好的技术体系、独特的民俗民风、绚丽的农业景观、深厚的粟作文化，都在摄制组镜头下一一呈现。该片采用纪实手法，通过一个个典型代表人物，用他们的亲身经历讲述农业文化遗产的传承与保护，真实地反映了中国重要农业文化遗产授牌三年来所带来的生产生活明显变化。

让更多人了解了八千年农耕文明，认识了农业文化遗产这笔宝贵财富的重要性，更要让这宝贵财产造福当代、惠及子孙。该片分为上下集，总长50分钟，在中央电视台军事农业频道《农广天地》栏目播出。

纪录片《大国根基》摄制组对敖汉旗以谷子为主的旱作农业系统进行专题拍摄。以敖汉旗谷子等杂粮产业健康发展为主线，集中体现了内蒙古敖汉旱作农业系统的保护与发展工作，为中国农业可持续发展提供一种可能性。节目将在海外23家频道、中央电视台中文国际频道以及央视其他主要频道播出。

5.举办第三届世界小米大会。由中国社会科学院考古研究所、中国农业大学、中国农学会农业文化遗产分会、中国作物学会粟类作物专业委员会等单位和敖汉旗人民政府共同主办的第三届世界小米起源与发展国际会议于9月19～21日在敖汉旗召开。会议围绕世界小米的起源、传播与文明互鉴，内蒙古敖汉旱作农业系统与全球重要农业文化遗产的保护、研究、宣传与利用；敖汉史前考古与中华文明起源研究；有机绿色小米品牌与产业发展等主题展开研究探讨，向世界展示敖汉小米魅力与芳香。

6.组织开展"农耕记忆"讲述活动。2016年7月以来，敖汉旗组织开展"农耕记忆"讲述活动，制订了实施方案、调查提纲，推荐了采访对象，从各部门抽调骨干人员组成采访团队，旨在通过对70周岁以上老人们的访谈，把留在他们脑海里的农耕记忆挖掘出来，让濒临灭绝的农业文化以文字、音像的形式记录下来，留住最美乡音，让我们的后人代代传承并发扬光大。

7.参加学术研讨会，扩大敖汉旱作农业知名度。2016年10月19～21日，参加由中国农学会农业文化遗产分会、中国科学院地理科学与资源研究所、河北省涉县人民政府联合主办的第三届全国农业文化遗产学术研讨会。敖汉旗作为全国农业文化遗产典型成功案例代表在会上作了经验交流报告，扩大了敖汉旗及敖汉

旱作农业的知名度，受到与会领导、专家的一致赞扬与好评。

二、采取的主要措施

（一）加大宣传力度，提高农业文化遗产的知名度

敖汉旗狠抓落实"上大报、登头条、出专版"的对外宣传战略，积极邀请国内知名媒体到敖汉旗采访，通过报纸、网络、电视、专刊推介敖汉，取得了很好的宣传效果。《内蒙古晨报》《赤峰日报》《敖汉信息报》以"'敖汉小米'入选《2015年度全国名特优新农产品目录》"为题，深度解读敖汉以内蒙古敖汉旱作农业系统为依托，深挖小米产业"富矿"，从农产品到"种"品牌的辉煌历程。中央电视台军事农业频道播出《从农田到餐桌——走进敖汉旗》农业专题片，该片以敖汉旗小米的"质量安全"为主题，从敖汉旗旱作农业文化、敖汉旗小米种植、生产过程以及特色美食等方面进行实地采访录制。用镜头详细记录了敖汉旗对八千年农耕文明的保护和传承，通过采访展示敖汉旗小米从种植到餐桌的全流程，体现了敖汉旗小米质量达标的安全保证。同月，《世界遗产地理》杂志以《"敖汉农遗"一粒米的八千年岁月》

为题，对敖汉小米的前世今生进行了采写，将内蒙古敖汉旱作农业系统保护与发展宣传到世界各地。内蒙古卫视《蔚蓝的故乡》栏目播出大型专题片《敖汉·美味传承的秘密》，该片对敖汉旗小米、荞面、敖汉星斗香油的石磨香油和敖汉阜信源的万年猪四个专题进行录制，并通过实地采访、现场操作、航拍等形式，用讲故事的手法展示了敖汉旗独特的传统美食。《赤峰日报》以《转方式，调结构，促增收》为题，对敖汉旗种植业结构调整进行全面报道，记述敖汉旗以农业文化遗产品牌为依托，增加谷子及杂粮杂豆种植面积，提高农产品品牌附加值。"敖汉农业文化遗产"微信公众号正式开通，让更多的人有了快捷了解敖汉旗八千年农耕文明，深入认知"全球重要农业文化遗产"的机会，以期更好地加以保护、发展和利用农业文化遗产，让这笔宝贵遗产造福当代、惠及子孙。

（二）加大品种保护的科技支撑力度

敖汉建设了农业文化遗产品种保护基地，基地采用农业气象自动化观测系统，对温度、湿度、风速、风向、雨量、全辐射等气象六要素进行实时监测，对作物当前所处生长期、作物覆盖度、密度等参数进行全天候、智能化的自动化观测，通过高分辨率图像传感器，实现作物长势自动识别和图像分析处理，为试验数据获取提供了科技保障。基地设置农作物虫情测报灯，可大幅提高害虫发生量和发生期的测报准确率，为防治农作物虫害提供科学依据。

（三）积极参加各级各类培训、研讨、交流会活动

2016年3月15日，敖汉旗委派农业遗产负责人参加了由农业部主办，国际交流服务中心承办的第三届全球重要农业文化遗产（中国）工作交流会，并作了题为《保护旱作种质资源，传续千年谷香》的典型发言，通过宣传敖汉旗全球重要农业文化遗产的保护实践和研究成果，扩大了影响力和知名度，同时学习到了其他地区的经验做法，对内蒙古敖汉旱作农业系统进行保护和发展提供了很好的借鉴。4月21～22日，敖汉旗组织人员参加了在福州举办的中国重要农业文化遗产管理人员培训班。围绕关于"加

强农业文化遗产普查和保护"的精神和农业部有关部署要求，提高了农业文化遗产保护工作重要性的认识和遗产管理人员工作水平。

（四）积极做好农业文化遗产地监测及工作动态信息报送工作

为做好遗产地保护与发展工作，及时掌握遗产地动态，分享遗产地保护经验，积极向中国科学院地理科学与资源研究所上报遗产地监测及工作动态信息。2016年以来，已经报送信息19条，被《农业文化遗产简报》择优刊登18条。

三、存在的问题

（一）人力资源匮乏

农业文化遗产保护与发展工作需要专门的部门和专业的工作人员来开展，目前，人力资源不足，无法更系统的开展工作，急需更专业、更敬业的人员加入。

（二）对农业文化遗产保护与发展的认识程度不够

农业文化遗产保护与发展工作是一项功在当代、利在千秋的工程，提高认识是开展工作的重中之重，因此要进一步加大宣传力度，逐步提高公众的认识程度和责任意识，形成"全民参与"的良好氛围。

四、2017年重点工作

（一）传统农家品种搜集整理与试验种植工作

组织技术力量，对全旗杂粮农家品种进行搜集，保护好种质资源，巩固几年来的搜集整理成果，建立数据库，做好农家品种整理保存工作。建设农家传统品种试验示范基地，给广大农民提供品种展示、技术示范、信息传播的平台，充分发挥基地试验、示范和辐射带动作用。

（二）组织企业积极参加农展会，扩大敖汉杂粮的知名度

组织内蒙古金沟农业发展有限公司、敖汉旗惠隆杂粮种植农民专业合作社、内蒙古禾为贵农业发展（集团）有限公司等杂粮生产企业参加第十五届中国国际农产品交易会等展会，进一步提高了敖汉杂粮的知名

度，拓宽了杂粮销售网络，提高了企业的经济效益，增加了农民收入。

（三）做好农业文化遗产监测工作

依据农业部关于做好农业文化遗产监测工作的相关要求，贯彻执行《全球重要农业文化遗产管理办法》，制订敖汉旗农业文化遗产监测实施方案，做好2017年遗产地监测工作，对敖汉旱作农业系统内的农业资源、文化、知识、技术、环境等相关数据信息进行采集，及时上报至有关部门。

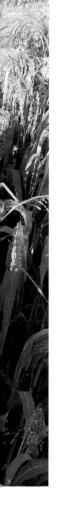

（四）加大对外宣传力度，推介全球农业文化遗产地产品

采取多种形式，利用各级各类媒体宣传敖汉旗的地域优势、产品特色，让更多的人了解敖汉旗及敖汉产品。配合农业部中国重要农业文化遗产摄制组的后续拍摄工作。

（五）筹建中国小米博物馆

为展示中华民族深厚的粟文化，传播农耕文明，展示中国小米科技科研成果，唤醒和传达农业文化保护意识和小米品牌意识，敖汉旗筹划建立中国小米博物馆。小米博物馆旨在通过挖掘整理与农业生产相关的文化，展示农耕器具、历史文化、民俗风情、农产品、品种资源、传统技术、景观资源等，进一步宣传内蒙古敖汉旱作农业系统。

（六）抓好航天育种工作

积极与中国航天科技集团有限公司、赤峰市农牧科学研究院等单位实施院地合作项目，对经过航天育种的种子进行试验种植与研究，助推敖汉旗种子培育工程顺利实施、航天育种工作早结硕果。

（七）筹建敖汉旗农业文化遗产图书室

积极协调敖汉旗文体局及图书馆等单位，筹划建设集农业文化遗产图书、电子音像材料、知名农产品等于一体的敖汉旗农业文化遗产图书室。图书室将展陈全国各地农业文化遗产相关丛书及优秀成果，普及农业文化遗产知识，进一步加强农业文化宣传效果，唤醒全民学习、参与农业文化遗产保护事业的热情。

（八）在北京举办小米论坛，提高敖汉小米知名度

为推动敖汉小米产业发展，进一步提升敖汉旗地域知名度，扩大敖汉小米品牌影响力，借鉴三届世界小米大会的成功经验，利用农民日报社的人脉优势和影响力，拟定在"宣传贯彻中央1号文件精神暨年度'三农'发展大会"期间，与农民日报社合作举办敖汉小米高层论坛。

"案例"

内蒙古敖汉旗

"众筹"
为敖汉小米营销注入新动力

时下，天气渐暖，又到了备春耕的时节。在内蒙古赤峰市，敖汉旗新潮网络营销模式——"众筹"发展生态绿色谷子的事情引起热议。

敖汉旗兴隆洼镇嘎岔村返乡创业大学生刘海庆利用微信朋友圈"众筹"联系到100人，每人认购小米5千克，共筹集到16 000元钱。刘海庆准备利用筹集到的资金，依托当地良好的环境和传统技术，种植绿色生态谷子5亩，扣除每亩基本投入200元，亩产按最低100千克计算，加工后每千克小米能卖到40元以上，效益可观。

近年来，敖汉旗依托三张世界名片，即"全球环境五百佳""全球重要农业文化遗产"和"世界小米之乡"，按照"两压缩、两增加"的思路，加大种植结构调整力度，逐步压缩玉米等作物种植面积，着力解决"一粮独大"的单一发展局面，大力发展以谷子为主的传统杂粮杂豆产业，全旗杂粮杂豆种植面积已达160余万亩，其中谷子88万亩，谷子总产超过2亿千克。敖汉旗大力实施小米产业"品牌战略"，引入"互联网＋"产业发展新模式，不断拓宽销售渠道，敖汉小米线上销售网络已经覆盖北、上、广、深一线城市及东北、华南、华中等的二、三线城市，品牌影响力与日俱增。2016年，敖汉旗启动实施了国家电子商务进农村综合示范项目，阿里巴巴农村淘宝项目落户并开始运营。目前，全旗"农村电商"连锁加盟店已达40家，农产品电商产业呈现良好发展势头，吸引了越来越多的大学生返乡创业，一些像"众筹""认购"等新型网络销售模式，如星星之火，大有燎原之势，为敖汉旗小米产业发展注入了新活力。

延伸小米产业链
助力脱贫攻坚快车

　　敖汉旗总土地面积8 300平方千米，总人口60万，是全国人口第一旗，也是国家级贫困县，全旗经济社会发展在全市、全区范围内基本处于中等偏上水平。敖汉旗也是农牧业大旗，发展优势特色产业成为农民增收致富的主要抓手，延伸产业链是推动脱贫攻坚快车的有力措施。

自2012年全球重要农业文化遗产授牌以来，拥有"全球生态环境五百佳"称号的敖汉旗大力发展谷子产业。全旗谷子种植面积由2012年的40万亩增加到2016年的88万亩。2014年，敖汉旗被评为全国最大优质谷子生产基地，成为"世界小米之乡"。在历史、生态、文化品牌的作用下，"敖汉小米"美誉度和知名度不断提升，品牌效应不断彰显，敖汉小米的市场价格由2014年前的每千克4元左右上涨到了每千克10～20元不等，全旗每年向外输出优质谷子超过1亿千克，"敖汉小米"价格成为全国谷子市场价格信息的"晴雨表"。为完善敖汉小米产业链，全旗组建了366家种植专业合作社，引进了40家龙头企业。2016年，仅龙头企业、合作社每年带动销售的敖汉小米就达8 000吨，直接为全旗农牧民增加收入2亿元。

随着农业供给侧结构性改革的不断深化，敖汉旗全力实施种植业"6431"工程，预计到2020年，全旗谷子种植面积达到100万亩。巨大的谷草产出量将成为发展畜牧养殖的坚实基础。谷草最适宜喂养肉驴，而种谷养驴是敖汉旗的悠久传统。"小规模、大群体""抓大户、建小区"的种养结合模式在全旗范围内生根开花。2016年，全旗产出优质谷草20 064万千克，全旗肉驴存栏26.3万头，敖汉旗已成为全国毛驴存栏第一旗（县），"敖汉驴"也获得国家地理标志证明商标，在敖汉小米产业带动下，敖汉驴产业成为当地经济发展、农民脱贫增收的又一个增长点。

2015年山东东阿阿胶集团入驻敖汉旗，与敖汉旗签订了驴产业发展合作协议，双方建立了"战略伙伴"关系，敖汉旗成为"东阿阿胶""双百计划"（两个"百万头"养驴基地建设计划）的实施地之一。山东东阿阿胶集团投资6亿元的6 000头黑毛驴养殖基地建设完成，这是"东阿阿胶"最大的养驴基地之一。现在，敖汉旗又在筹建年交易20万头的肉驴交易市场、100万吨的饲草料加工厂及100吨驴奶、孕驴血等驴产品深加工中心。2016年8月中旬，中国畜牧业协会和全国驴产业技术创新战略联盟，在内蒙古敖汉旗四家子镇主办了一场2016年全国驴产业技术创新会议，探讨优化驴产业结构，推动驴产业升级，服务精准扶贫。驴产业已被确定为敖汉旗的绿色产业、朝阳产业和畜牧业内部引领脱贫攻坚的重要产业。

敖汉旗在精准施策上继续发力，把现代农牧业作为脱贫主渠道。

驴养殖业坚持"一减三增"战略，依托品种改良工程，2016年增加肉驴7.5万头，计划2017年增加5万头。依托内蒙古天龙驴产业研究院提升敖汉肉驴品牌的影响力。借助国家有机产品示范区和国家农产品质量安全县的契机，狠抓家畜产品标准化生产，建立从田间到餐桌的全程可追溯体系。发展肉驴、生猪、肉羊、肉牛、蛋鸡、肉鹅六大产业，全力打造敖汉小米、肉驴、沙棘、文冠果四个百亿元产业。敖汉旗出台了《敖汉旗2015年扶持肉驴产业发展实施方案》，与山东东阿阿胶集团共建养驴扶贫担保基金，共同担保、共同贴息，并且用杠杆等金融创新形式形成贷款资金，扶持养驴户。这些养驴户每户可购买6～8头基础母驴，以母驴年均产0.65个驹驴计算，每户可年出栏4～5头毛驴，养殖户所养殖的毛驴在出售时，由山东东阿阿胶集团保障回收。经测算，每个养驴户年收入在2万元以上，三年内可以实现脱贫。同时，山东东阿阿胶集团还为繁殖母驴养殖户免费提供改良配种，公司负责回收成驴和驴驹。山东东阿阿胶集团还吸收贫困户到东阿阿胶敖汉旗养驴小区养驴，公司统一养殖技术、统一防疫、统一管理、统一回收。

敖汉旗自古以来山清水秀、水草丰茂、人畜兴旺，农牧业极为发达，如今，不但敖汉旗出产的小米是当地的特色产品，"敖汉驴"也成为响当当的绿色品牌。

敖汉小米品牌打造

敖汉旗打造了"八千粟""兴隆沟""孟克河""禾为贵""兴隆洼""华夏第一村""村头树"等一大批绿色有机小米品牌。

内蒙古金沟农业发展有限公司以出土距今8000年的炭化的粟和黍的兴隆沟遗址地名"兴隆沟"为注册商标,现已发展有机杂粮基地4.5万亩,绿色杂粮基地20万亩。公司投资1.6亿元建设的杂粮收储及杂粮精深加工项目已经投入生产。

敖汉旗惠隆杂粮种植农民专业合作社以敖汉旗境内的三大河流之一的"孟克河"为注册商标。合作社的谷子全部种植在孟克河两岸的山坡地上,环境条件优异,生产过程中严格采取有机农业的种植标准,小米质量上乘,营养丰富。现已开

发出四色米、月子米、石碾米等三大系列12个品种。2015年，孟克河牌小米入选全国名优特新农产品目录，同年9月荣获农业部颁发的"全国百家合作社百个农产品品牌"。

敖汉旗海祥杂粮种植农民专业合作社位于敖汉旗金厂沟梁镇上长皋村，该合作社紧紧依托敖汉旗五种考古文化之一的距今8 000年的"兴隆洼"文化，注册了"兴隆洼"农产品商标。目前入社农户达到700余户，企业订单面积达12 000余亩。几年来，敖汉旗现代企业、合作社发展日益壮大，悠久的农耕文化优势、良好的环境优势、优异的农产品品质优势在企业与合作社发展中体现得淋漓尽致，也是敖汉旗谷子产业发展中的无形资产和充足动力。

为扩大敖汉小米品种知名度，敖汉旗积极组织企业、合作社参加各级各类农产品交易会、博览会，多次被评为"优秀产品奖""优秀品牌产品""金奖"和"最佳人气奖"。2014年10月25日，敖汉远古生态农业科技发展有限公司的"八千粟"牌小米荣获第十二届中国国际农产品交易会金奖和第十三届中国国际粮油产品及设备技术展示交易会金奖。2015年，内蒙古金沟农业发展有限公司的"兴隆沟"牌小米在第十三届中国国际农产品交易会上喜获金奖；敖汉旗惠隆杂粮种植农民专业合作社"孟克河"有机小米品

牌荣登全国百家合作社百个农产品品牌榜，成为赤峰市唯一入选的品牌，内蒙古自治区只有3个品牌入选，而全国涉及小米品牌的只有2个品牌获此殊荣。2015年11月，内蒙古禾为贵农业发展有限公司的"禾为贵"牌小米在第十六届中国绿色食品博览会上获金奖，2016年又摘得第十七届中国绿色食品博览会金奖。敖汉小米加入《全国地域特色农产品普查备案名录》，入选农业部《2015年度全国名特优新农产品目录》，获批国家地理标志证明商标，进一步提高了敖汉小米的知名度，拓宽了小米销售网络，增加了企业的经济效益，从而增加了农民的收入。2015年意大利米兰世界博览会上，敖汉小米以全球重要农业文化遗产产品的身份参展，孟克河有机小米、八千粟绿色小米吸引了许多外国友人驻足观看。敖汉小米借助世界博览会平台，走上了国际化道路。内蒙古敖汉旱作农业系统也以图文并茂的形式向世界进行了展示，让更多人了解了敖汉八千年的农耕文化。这是继世界小米大会成功召开后，敖汉小米又一次登上国际舞台，敖汉小米也担负起向世界传播八千年农耕文化的重任。

为了确保敖汉小米产业健康发展，全旗66家龙头企业和合作社共同组建了敖汉小米产业协会。该协会提供与小米产业相关的经济、技术、法律、市场信息等服务，将产

业链统一起来，带领产业个体抱团闯市场，为敖汉旗小米产业的健康发展奠定战略基础。敖汉旗编制了《绿色谷子全程机械化生产技术规程》，该规程被列为第一批内蒙古自治区地方标准修订项目计划，成为自治区标准，面向内蒙古绿色谷子逐步实现全程机械化、标准化生产的实际，填补了谷子种植的选地、整地、种子、播种、田间管理、病虫草害防治和收获的技术规程等空白，内容严谨、合理、科学、适用、可操作性强，通过绿色谷子全程机械化生产技术的实施，实现了"二高""二低"（即高效益、高效率、低成本、低劳动强度），提升了农业机械化装备力量，推进了农业现代化进程，具有一定的经济效益、社会效益、生态效益和辐射带动作用。《地理标志产品敖汉小米》地方标准于2016年4月25日通过内蒙古自治区专家审查，予以公布实施。该标准规定了敖汉小米地理标志产品的保护范围、术语和定义、要求、试验方法、检验规则及标志、标签、包装、运输、储存等内容。该标准填补了敖汉小米地理标志保护产品无支持标准的空白，进一步规范了敖汉小米的生产和经营行为，确保地理标志产品的特色和声誉，有利于提高地理标志产品的竞争力。截至目前，全旗"三品一标"认证农产品84个，敖汉旗成为赤峰市各旗县区绿色农产品数量最多的地区，五家"三品一标"企业被纳入农产品质量安全监管平台。2016年，敖汉旗被认定为自治区级农畜产品质量安全县，并被列入国家有机产品示范认证创建区。

为加强敖汉旗全球重要农业文化遗产标识管理，规范全球农业文化遗产标识的使用监督，维护生产者、经营者和消费者的合法权益，按照相关法律法规制定了《敖汉旗全球重要农业文化遗产标识使用与管理办法（试行）》，于2016年4月21日印发实施。此办法明确了全球重要农业文化遗产标识使用的申请、使用与管理、监督与检查等内容，为提高敖汉旗农产品质量及品牌知名度提供了平台。

河北宣化

宣化城市传统葡萄园保护与管理

宣化葡萄研究所

　　2016年，张家口市宣化区全球重要农业文化遗产保护工作在农业部、河北省农业厅领导和各位专家教授的关怀指导下，坚持"在传承中保护，在保护中发展"的理念，立足适应新常态，抢抓新机遇，开发大旅游，围绕农业文化遗产一二三产业大融合的工作中心，为推进保护区葡萄新发展，保持宣化城市传统葡萄园可持续发展和有效传承奠定基础。

《美丽宣化葡萄鲜》

宣化交警　宋建国

一、目标任务完成情况

(一) 开展了全球重要农业文化遗产工作学术交流和普查工作

先后组织参加全球重要农业文化遗产工作交流会、"河北涉县旱作梯田系统"保护与发展暨全球重要农业文化遗产申报专家咨询会以及在敖汉旗召开的全球重要农业文化遗产——第三届世界小米起源与发展国际会议。参加了中国·乌海2016"丝绸之路"世界沙漠葡萄酒文化节暨第二十二届全国葡萄学术研讨会、在北京召开的中国第五届品牌农商发展大会以及河北省个体私营企业协会引导帮助个体私营企业积极发展地理标志商标培训座谈会。在全球重要农业文化遗产工作交流会和申报陈述会上，宣化区围绕农业文化遗产保护的"三产"融合发展途径进行了遗产工作汇报。

根据《农业部办公厅关于开展农业文化遗产普查工作的通知》要求，组织开展了农业文化遗产普查工作。安排专业技术人员按照《全球重要农业文化遗产保护与发展年度监测报告》的要求，深入到春光乡观后村、盆窑村、大北村和河子西乡陈家庄村，调查、收集2015年的农业资源、文化、知识、技术、环境等相关数据资料。在有关专家

的支持下，开展了农业文化遗产动态监测基础数据的恢复工作，完成全球重要农业文化遗产"河北宣化城市传统葡萄园"遗产地保护与发展2015年度调查报告，并于2016年3月及时上报河北省农业厅农业利用外资办公室和农业部国际交流服务中心。

(二) 深入开展宣化城市传统葡萄园的宣传、保护和发展工作

宣化区政府投资100万元资金，先后举办了为期两周的2016中国·宣化城市传统葡萄园文化"开剪节"活动，开展了"葡萄小镇 等你千年"、尝葡萄宴、品鲜葡萄、观葡萄、传统开剪仪式、看大型实景历史剧等葡萄主题文化活动。配合中央电视台《农广天地》栏目完成了全球重要农业文化遗产——宣化城市传统葡萄园《老藤葡萄香（上、下）》专题电视节目拍摄工作。建立了"宣化牛奶葡萄"微信公众平台；制作歌颂全球重要农业文化遗产《宣化牛奶葡萄》的音乐歌曲1首；在钟鼓楼、南门楼、大新门标志性建筑、城区各交通主道路口悬挂宣传"千年葡萄 美丽宣化"等内容的条幅130条，做墙体橱窗宣传栏18个，设计制作精品葡萄包装箱一万套，印制宣传彩页5万册；葡文轩博物馆新

增馆藏文物20余种；邀请中国书画家张世忠先生为古葡萄园景观石题字，书写了"千年葡萄城"，极大地提升了河北宣化城市传统葡萄园的文化内涵和知名度。

（三）进行河北宣化城市传统葡萄园的保护建设工作

宣化区政府投资288万元资金，请上海同济城市规划设计研究院，完成了"宣化莲花架葡萄文创聚落"规划设计。启动实施标准示范园建设：购买标准示范园漏斗架架杆、铅丝、景观围栏、便道砖铺设、造型门，悬挂标志牌和乔家葡萄园区景观文化石的立石、雕刻。

（四）开展河北宣化城市传统葡萄园保护与发展规划修编工作

为保证修编工作有序进行，宣化区政府专门投资20万元资金，特委托北京联合大学旅游学院孙业红副教授修编《宣化城市传统葡萄园——全球重要农业文化遗产（2016—2025）保护与发展规划》，制作规划文本及相关图件，协调修编规划与"十三五"规划的内容不一致之处，为区政府科学决策、评估、咨询、规划，提供依据。与中国人民大学环境学院苏明明副教授合作承担了河北宣化城市传统葡萄

园保护和社区生计可持续发展与文化传承研究（2016—2018）项目，研究宣化城市传统葡萄园农业文化遗产保护现状和进行了SWOT分析（态势分析）、社区生计发展与文化传承现状和SWOT分析、城市传统葡萄园和社区生计发展与文化共生关系分析，提出发展规划和政策建议。申报了2016年张家口市科技攻关指导计划项目宣化城市传统葡萄园发展建设与保护（2016—2018）。

（五）开展了宣化牛奶葡萄国家生态原产地产品保护申报工作

为提高宣化牛奶葡萄产品形象和声誉，保护其产品及品牌，2016年8月，宣化区政府开展了对宣化牛奶葡萄国家生态原产地产品保护申报工作，专门成立了宣化牛奶葡萄生态原产地产品保护申报工作领导小组和宣化牛奶葡萄生态原产地产品保护申报资料编撰委员会，特授权宣化葡萄研究所代表宣化区政府承担宣化牛奶葡萄生态原产地产品保护申报等工作。为申报工作的顺利开展，区政府下拨专款20万元。在申报中，编写组搜集查阅了大量历史典籍、文献资料和专业书籍，走访了许多专家和有经验的种植农户，整理了第一手资料，汇编成《宣化牛奶葡萄国家生态原产地产品保护申报文本》材料。经过周

密的准备，宣化牛奶葡萄最终通过国家生态原产地产品保护专家组的评定，2016年12月26日，国家质量监督检验检疫总局发布公告（2016年第126号），批准对宣化牛奶葡萄实施国家生态原产地产品保护。此次生态原产地保护产品的成功申报，刷新了张家口市的历史纪录，延续和保护了宣化庭院葡萄种植模式和莲花架葡萄，强化了生态原产地产品的保护意识。

二、主要做法

1. 立足实地进行充分调研，完善修正实施方案，全面反映宣化葡萄栽培历史，漏斗架栽培模式的文化、生态、社会、旅游等价值，以及对现代农业的贡献，让果农从中受益。

2. 与大学院校专家教授、相关业务部门、遗产地、种植农户进行详尽沟通，对实施方案基础材料进行讨论确定，建立标准示范漏斗架葡萄种植园，对200个管理良好的漏斗架葡萄作为标准示范架进行筛选、评定和技术指导。

3. 开展宣化区文化旅游产业的资源梳理、市场调研、策划定位、可行性研究、资源整合、项目招商和运营服务等业务，以2022年冬奥会为契机，积极协调外部资源，推动全区大旅游产业、大文化产业的发展。包括葡萄文化宣传资料制作、包装箱设计、葡萄主题文物收藏、专家修编规划、葡萄文化"开剪节"等。

4. 开展宣化城市传统葡萄园的培训宣传和学术交流活动，对遗产地葡萄技术人员和种植农户进行相关知识讲座，建立了"宣化牛奶葡萄"微信平台。

三、取得的主要成绩和经验

（一）取得的主要成绩

1. 使宣化葡萄传统种植的智慧、魅力与奥秘充分得到展示，"京西第一府，千年葡萄城"文化品牌的知名度进一步得到提升。2016年宣化牛奶葡萄在第二十届中国（廊坊）农产品交易会上，荣获"京津冀果王争霸赛"金奖，同时获河北省"十大林果品牌"。在全国果菜产业质量追溯体系建设年会暨十四届中国果菜产业论坛上，宣化牛奶葡萄荣获"2016全国果菜产业百强地标品牌"称号。在2016年中国果品区域公用品牌价值评估中，宣化牛奶葡萄品牌价值以20.10亿元名列中国农产品区域公用品牌葡萄类之首，是从2009年以

来唯一一个连续八年蝉联中国农产品区域公用品牌价值百强的葡萄产品。2016年，宣化牛奶葡萄荣获国家地理标志证明商标和国家地理标志产品保护后，再获国家生态原产地产品保护。

2. 游客增加。独特的漏斗架景观和美味的葡萄果品，已吸引北京、天津等城市大量居民来旅游，促进了旅游业发展。2016年观后古葡萄文化村荣获农业部第六批"全国一村一品示范村"称号。

3. 葡萄价格提高。从每千克4 ~ 10元上升到每千克20 ~ 40元，农民种植积极性提高了，品牌意识增强。

4. 葡萄文化小镇种植范围得到了保护。

（二）主要经验

1. 建章立制。宣化区委、区政府成立宣化城市传统葡萄园保护委员会，制定并出台了《宣化传统葡萄园保护管理办法》等，划定古葡萄园保护核心区域，并对葡萄园保护和利用做出了具体规定。

2. 制定保护发展规划。宣化区已编制了《宣化传统葡萄园农业文化遗产保护与发展规划》，在葡萄栽培区，规划建立集科普教育、收藏展示、旅游休闲、文化交流等多种功能于一体的葡萄博物馆，以挖掘、传承、保护和利用宣化牛奶葡萄的历史文化。

3. 实施葡萄农户补贴。宣化区政府对新增葡萄基地给予每亩2 000元的补贴。通过对全区传统葡萄园进行普查，评选出的200多个优良漏斗型葡萄架，采取统一编号、挂牌、建立管理台账、技术分包，并每年给予标准园每架2 000元的财政补贴等管理措施，特别是对百年老藤进行了挂牌保护。

4. 规划设计1万亩农业科技产业园区，葡萄博览园纳入园区重点建设项目。

四、存在的问题及改进建议

（一）存在的问题

1. 由于城市建设的快速推进，城中村改造，城市扩建，环城路、城际铁路修建等重点工程，城市发展建设用地与城市传统葡萄保护发展的矛盾日渐凸显，保护难度加大。

2. 利益驱动，在外打工收入远高于葡萄种植收入，而葡萄种植的技术要求和劳动强度都比较高，年轻人不愿继续从事葡萄种植，葡萄栽培和管理都以老年人为主，管理传承人出现危机。

3.资金投入不足，有些还存在园子管理不规范、架面不整齐、架材老化等问题。

（二）解决措施及建议

1.加大政策支持，立法保护。建立稳定的农业文化遗产保护机构，定编定人定经费。

2.加大财政扶持。从上至下设立专项资金，支持对全球重要农业文化遗产——中国传统农业系统的基础研究工作。

3.加大培训宣传力度。增强全民对农业文化遗产历史文化价值的保护意识。

红园葡萄种植专业合作社
开启网络营销新模式

张家口市宣化葡萄研究所　张武

　　张家口红园葡萄种植专业合作社由全国农村
青年科技示范户标兵、宣化区十佳葡萄种植能
手、宣化区春光乡观后村农民乔德生组织发起,
于2013年8月挂牌成立。

　　该合作社吸纳农户50户116人，社员出资280万元，现有标准示范漏斗架葡萄种植基地80亩，百年以上古葡萄200余架。合作社除了从事葡萄种植、采摘，有机肥料、小农具、农产品的销售外，还为周边葡萄种植户提供无公害葡萄生产新技术及观光采摘、销售等信息服务。

　　该合作社以张家口市宣化葡萄研究所为依托，聘请所长张武及高级农艺师张晓蓉为常年技术顾问。合作社现设有技术部、生产部、财务部、销售部，有12名管理人员；建立健全合作社各项规章制度，修订完善了葡萄标准化管理技术操作规程，不定期举办科技培训班提高果农的科技素质；及时发布葡萄病虫害信息预报，统一防治时间，统一品牌和包装，树立了良好的形象和声誉。由于品种优、效果好，社员的经济效益提高了15%，辐射带动周边葡萄种植农户200余户，年销售葡萄100万千克，销售收入1 200万元。

　　张家口红园葡萄种植专业合作社充分利用"互联网+"，在河北百度网络公司注册了合作社网页，开辟了网上销售渠道。2016年，该合作社一半以上的葡萄通过网络销往北京、天津、河北、内蒙古等地，实现网络销售收入350万元，形成了网上网下销售两旺的可喜局面。

记宣化区小伟葡萄庄园

张家口市宣化葡萄研究所　张武

宣化区春光乡乡镇企业文化领军人物王伟，充分发挥创新性思维优势和广泛的社交能力，在培植壮大绿色经济、打造"千年葡萄小镇"绿色文化平台方面出点子、想办法，将工作开展得有声有色。在乡领导和社会各界的关怀和支持下，王伟积极挖掘全球重要农业文化遗产——奇观漏斗架牛奶葡萄的价值，探索保护与利用的途径，推广保护理念与经验，在遗产地宣化文化和产业发展、农产品营销理念、营销思路、现代经营管理模式等方面做了有益的传承和大胆的尝试，使得小伟庄园取得了显著的成绩。

小伟葡萄庄园积极开展打造千年葡萄小镇文化平台建设，加大宣传宣化文化古城的历史风貌、开办文化产业园区游园活动，和张家口市群艺馆联袂举办了葡萄节大型文艺演出，积极开展农业搭台文化唱戏活动，以文化产业带动旅游业的发展，以旅游业推动绿色农业的发展。事实证明，示范园区所带来的成绩和效果令人欣喜：目前，小伟葡萄庄园每年餐饮服务业收入30万元，带动28户搞起了"吃农家饭、住农家屋、干农家活、赏农家景"的乡村特色旅游项目，吸收农民就业100余人，葡萄销售收入达到100

万元。观后村农民人均年收入由原来的1万元增至2万多元。

宣化区春光乡观后村小伟葡萄庄园的农业文化遗产作为一种传统遗产类型，已经得到了社会的广泛认可。在农业部2012年启动的中国重要农业文化遗产评选工作中，小伟葡萄庄园被国家旅游局评为"全国十大名牌农家院"，成为宣化区春光乡"提供食物与生计安全和社会、文化、生态系统服务功能系统"的亮点工程，及"传统农业系统动态保护与适应性管理"的示范园区。

浙

江绍兴

2016 年浙江绍兴会稽山古香榧群保护工作报告

绍兴市人民政府办公室

一、基本情况

绍兴会稽山古香榧群属于独特的山地利用系统，具有经济功能、生物多样性保护功能、农业景观保留功能、农业文化传承功能、生态环境保护功能等多种功能。古香榧群分布在柯桥区、诸暨市、嵊州市三区（市）12个乡镇59个行政村，总面积402平方千米；区域内有香榧大树10.5万株，其中树龄百年以上的古香榧7.2万株，千年以上的4 500株，现存最古老香榧树活体树龄达1 567年。绍兴会稽山古香榧群被列入浙江省文物保护单位，区域内有省级自然保护区（小区）2个、国家级森林公园1个、省级森林公园2个。

2016年，遗产地认真贯彻执行农业部、绍兴市政府有关保护管理办法，进一步加强组织领导，完善工作体制，强化基础建设，弘扬生态文化，积极推进绿色发展、创新驱动，会稽山古香榧群得到了持续良好保护，知名度不断提升，产业良性发展，基本形成了保护与利用有机结合的良好局面。

二、主要做法

（一）出台扶持政策

2016年3月，中共绍兴市委、绍兴市人民政府出台《关于加快发展品质林业 全面推进"森林绍兴"建设的意见》（绍市委发〔2016〕14号），明确提出要推进香榧产业发展。8月，市政府办公室下发了《关于推进香榧产业传承发展的意见》（绍政办发〔2016〕71号），提出了目标任务、工作措施，明确了组织保障，把"加强会稽山古香榧群保护"列为重要工作举措，对生态环境实行最严格的保护。绍兴市把提升香榧产业写进了2016年政府工作报告。

（二）完善队伍建设

一是强化管理队伍。充实绍兴市会稽山古香榧群保护管理局，引进3名高等农林院校本科以上学历的工作人员，其中1名为博士后，1名为副高级技术专家，提高管理团队的学术水平和技能水平。二是健全基层队伍。建立了由市、区（市）、镇三级技术人员组成的、全球重要农业文化遗产动态监测系统管理员与信息员队伍，收集整理区域内2015年农业资源、文化、知识、技术、环境等相关数据信息，为进一步做好保护工作提供基础资料。

（三）落实具体管理

一是制定实施《绍兴会稽山古香榧群重要农业文化遗产标识使用管理办法》，加强绍兴会稽山古香榧群重要农业文化遗产标识使用管理，规范重要农业文化遗产标识使用、监管，维护生产者、经营者和消费者的合法权益。二是制作安装文化遗产标志石碑，设计了会稽山古香榧群重要农业文化遗产标志石碑，分别安装于柯桥区稽东镇、诸暨市赵家镇、嵊州市谷来镇三地古香榧群的醒目位置。

（四）推进产业发展

一是创新发展香榧生态复合经营模式，在古香榧群区域中推广套种山稻上万亩，在确保生态保护的同时，提高亩产率，实现林农增收。二是推进香榧主题休闲旅游。加快

会稽山游步道等基础设施建设，推进林家乐提档升级，加大宣传营销力度，拉长香榧产业链，吸引市民走进榧林，感受古香榧群独特的自然魅力。三是加大香榧品牌建设，组织25家香榧企业参加了第9届中国义乌国际森林产品博览会。冠军香榧等多个品牌的香榧产品与香榧食品被评为博览会优质产品金奖、优质奖，设立的香榧特装馆，获最佳展馆奖。

（五）加大科研投入

一是建立了古香榧树信息管理系统。以嵊州市为试点，应用现代信息技术在长乐镇小昆村建立了古香榧树信息管理系统，使管理工作迈入了信息化时代。二是加大优质资源研发。诸暨市香榧种质资源库建设从省级升格为国家级种质资源库。三是加大科普宣传。充分利用"科普宣传周"等活动，向广大民众宣传会稽山古香榧群保护管理的相关知识。

（六）弘扬遗产文化

一是成立了绍兴市生态文化协会，遗产地核心区所在的柯桥区稽东镇占岙村、嵊州市通源乡白雁坑村为首批会员。二是区域内获新命名"全国生态文化村"1个、"浙江省生态文化基地"2个、"浙江省森林城镇"1个。三是全球重要农业文化遗产绍兴会稽山古香榧群展示馆挂牌新落成中国香榧博物馆。四是以香榧为题材创作的民间传说故事《香榧传说》，被列入第五批浙江省非物质文化遗产代表性项目名录。五是各地相继组织开展了丰富多彩的香榧文化与展示活动，如绍兴市林业局联合浙江省香榧产业协会，主办了浙江省第二届"会稽山杯"香榧盆景大奖赛，柯桥区、诸暨市、嵊州市分别举办了香榧文化节。六是组织开展了香榧进机关、进学校、进社区、进公园、进家庭的"五进"活动。通过系列活动，不断提升香榧的认同感和古香榧群的美誉度。

（七）开展对外交流

一是开通了会稽山古香榧群微信公众平台，对绍兴市会稽山古香榧群保护及全市香榧产业的重要新闻、重大活动及时进行发布、宣传。二是先后有浙江大学科研团队、湖北省咸宁市政协考察团、日本综合地球环境学研究所等多个团队来绍兴市考察交流香榧遗传多样性、产业发展和古香榧群的保护状况。12月月底，全国古树名木资源普查业务培训研讨班在绍兴市召开，代表们参观、考察并听取了绍兴市古香榧群的保护管理工作。

三、存在问题

1.古香榧群遗产所在的三个区（市）尚未设立专职的遗产保护管理机构，一定程度上影响了保护工作的更大力度推进。

2.部分产区白蚁等病虫害危害较重，雷击、雪灾、台风等自然灾害也给香榧古树生长带来威胁。

3.香榧栽培技术研究滞后，少数榧农管理经验不足，为追求产量，盲目过量施肥，造成古香榧树树势衰退，影响坚果质量。

4.不少经营者对古香榧群认识仍然停留在经济价值上，生态、文化价值被忽视。

5.对古香榧树、古树榧果的文化品位挖掘、推介不够，古树榧果没有体现出应有的附加值。

四、下一步工作计划

（一）加快推进政策落地

按照绍兴市政府办公室《关于推进香榧产业传承发展的意见》（绍政办发〔2016〕71号）文件精神，加快推进香榧保护与产业发展政策

落地，进一步加大财政扶持力度，督促推进区（市）保护机构设立，鼓励引导香榧企业与榧农参与开展会稽山古香榧群保护与文化建设工作。

（二）加快信息化管理

实施"互联网＋古香榧群保护管理"工程，将信息技术与古香榧群保护管理相结合，在柯桥区稽东镇、诸暨市赵家镇、嵊州市谷来镇各选一个村作为试点，2017年年底前在三个试点村建立古香榧树保护管理信息系统，为提升古树榧果的附加值夯实基础。

（三）加强科技创新

开展与高端科研机构合作，建设绍兴市香榧科技创新平台，进行包括古香榧群及其相关的生物多样性、传统农业生产系统、农业文化和农业景观等方面在内的科技研究。

（四）推进品牌建设

持续在柯桥区、诸暨市、嵊州市举办香榧文化活动，积极参加各类节会，利用高端新闻媒体、中国义乌国际森林博览会等辐射面广、影响力大的平台，深化宣传推介，提高知名度，进一步打响绍兴会稽山古香榧群品牌。

（五）加快产业发展

继续推广种植山稻等古香榧群林下经济模式，在提高经济效益的同时增加古香榧群的生物多样性。

（六）加大技术培训

针对部分遗产地白蚁等病虫害危害较重，以及部分榧农管理技术水平较低的实际情况，组织开展相关技术培训与交流工作，邀请相关专家与管理水平较高的榧农传授病虫害防治等栽培技术及具体的操作方法，提升保护管理工作技术支撑水平。

案 例

浙江绍兴

柯桥区民华农业发展有限公司

柯桥区民华农业发展有限公司

　　柯桥区民华农业发展有限公司是浙江绍兴会稽山古香榧群所在区域内的一家涉林企业。

随着我国经济社会快速发展，森林旅游日益升温，古香榧林旅游同样得到了较快发展，这就迫切需要古香榧群所在区域进行供给侧结构性改革，同时这又给林业服务业的发展提供了良好机遇。近年来，柯桥区民华农业发展有限公司依托古香榧群这一全球重要农业文化遗产独特的森林景观和优良生态环境，积极开展香榧休闲旅游，兴办林家乐，既服务了广大游客，又取得了良好的经济效益，还带动了当地香榧等产品的销售，成为柯桥区乃至绍兴市林业结构调整的典型。

2011年，该公司从柯桥区稽东镇会稽山古香榧群核心区所在的占岙、石岙、龙西三个村交界的山地上承包了1 200多亩荒地。几年来，公司共投资2 700多万元，在承包地上全部种上了香榧，其中香榧与蓝莓、梨、猕猴桃、桃、冬枣等水果混栽400亩；开挖了两个小型水库，放养了多种水产，逐步开展"香榧+果园休闲旅游"。2015年秋季，开始经营"林家乐"，当年游客就达到1万多人，"林家乐"收入60多万元；2016年游客人数上升到3万多人，经营收入170多万元，日接待能力达200多人。2017年新建了民宿，提升了服务能力。从2011年开始，公司每年都被稽东镇党委、镇政府评为特色农业示范企业。

柯桥区民华农业发展有限公司的做法是：

1.做好总体设计，搞好基础设施建设。公司取得承包经营权后，进行了总体设计，确定了基础建设与发展种植业、养殖业的

具体内容。在柯桥区与稽东镇惠农政策的扶持及公司的努力下，陆续修建了3 000多米的水泥盘山公路，400多平方米的餐厅，1 000平方米的停车场，有车位107个；对一些易造成水土流失或采果不便的地块修砌了石坎。2013年，由当地的中国移动公司安装了通讯基站。

2.多方筹措资金。公司除了以往多年经营工业企业积累的资金外，还缺一部分资金。经多方努力，公司通过林权抵押，向富邦小额贷款有限公司借款200万元；之后向中国银行贷款400多万元，解决了资金不足的难题。

3.选准经营定位。公司把经营定位为"绿色＋乡土特色＋大众化"，公司经营所需的原料均为基地中按照绿色农产品生产要求所种植与养殖的产品，正是这个原因，吸引了众多城镇居民前来休闲消费。公司坚持走大众化路线，提供的产品经济

实惠，深受游客欢迎，因而消费者群体日益壮大。

4. 注重特色，发挥优势。柯桥区千年古香榧群景观极具特色，吸引了全国各地大批游客前来休闲旅游。鉴于古香榧产区小、产量少、特色浓，公司在经营中十分注重运用香榧等当地特产的产品优势，除了销售自产香榧外，公司还通过代销等方式，经营当地榧农生产的香榧，以及茶叶、笋干等特产，每年代销的香榧多达1 500～2 000千克。

5. 合理安排种植结构，拉长休闲旅游季节。与香榧混栽的水果有蓝莓、梨、猕猴桃、桃、冬枣等，这些水果成熟期有早有迟，开花和结果所形成的景观以及果品的风味各有特色，这样就避免了植物景观与产品的单一，而且从5～10月都有水果供游客采摘，可以满足众多消费者不同的需求。

6. 利用媒体开展宣传营销。公司长年在绍兴等地有较大影响、贴近百姓的《绍兴晚报》上刊登广告，并多次在绍兴电视台"三农"栏目中进行宣传推介，通过一系列的媒体宣传营销，扩大了影响，提升了知名度，促进了公司经营业务的开展。

7. 诚心服务。公司秉持"把游客当作亲人"的经营理念，精心细致做好香榧+果园休闲旅游与林家乐每一环节的事情，免费为游客提供无线网络服务，使游客乘兴而来，满意而归。诚心的服务得到了游客的认可，据粗略估计，70%的游客是回头客，或经他们介绍而来的亲朋好友。

目前，到浙江绍兴会稽山古香榧群旅游的人士越来越多，柯桥区民华农业发展有限公司正以更加积极的姿态，不断加强基础设施建设，提升服务质量，努力把香榧休闲旅游工作做得更好。

记赵家镇香榧产业发展

诸暨市赵家镇位于会稽山脉西麓，是浙江绍兴会稽山古香榧群中古香榧树分布最多的乡镇，在绍兴会稽山古香榧群所属的59个村中，赵家镇就有11个。

赵家镇镇域内建有诸暨香榧国家森林公园，拥有全国最大的香榧加工企业——诸暨冠军香榧集团。近年来，赵家镇依托古香榧群等得天独厚的资源，围绕"生态引领，品质生活"的主题，牢固树立绿色发展理念，"掘金"乡村旅游，突出重点、精准发力，奋力推进赵家旅游风情小镇建设，取得了显著成效。全镇农家乐年接待游客50余万人次，拓展了香榧的产业链和价值链，培育了香榧产业新业态。赵家镇的做法是：

1. 构建编制体系。赵家镇以诸暨市旅游总体规划为指导，完成《诸暨市赵家镇旅游发展规划》《香榧特色小镇概念性规划》《赵家镇农家乐发展规划》，逐步建立起完善的、"总体规划—区域规划—专项规划"多层次的规划体系，使乡村旅游发展规划与新农村建设规划、生态建设规划、土地利用规划等有机统一。通过规划引领，依托区域优势和地方特色，大力推动乡村休闲旅游，生态富民，创建省级旅游风情小镇，塑造了一个全新的"高颜值"小镇，全面提升"美丽赵家"的旅游品质。

2. 加大基础设施建设。结合小城镇环境综合整治，做好生态整治和景观提升工程，开展智慧城管建设、集镇立面改造、公交站点和社会停车场建设等工作。改善环香榧公园交通圈的行车条件，以古香榧群为核心，沟通柯桥、嵊州，提升道路通行能力。

3. 着力做好传统农家乐提档升级。严格落实各项管理制度，每年对农家乐开展评星晋级活动，并给予资金奖励。注重安全管理，始终把安全工作作为农家乐休闲旅游业发展的"生命线"，经

常性开展农家乐入住登记系统、消防设施、食品卫生、经营环境等检查；进一步强化安全意识，完善安全措施，落实安全责任，排除安全隐患，对达不到安全标准的农家乐特色村（点）和经营户（点）及时摘牌，推进农家乐的提档升级。同时着力推进现有中高档民宿项目建设，2017年启动"遗产文化精品度假民宿"等项目的建设。

4.着力加大项目招商引资。以香榧特色小镇创建为契机，进一步扩大招商引资的宣传力度和范围，深度挖掘招商资源和信息。对于收集到的招商信息，及时落实专人跟踪联系；对于有投资意向的招商项目，做好洽谈对接；对于落户的招商项目，组建服务团队，及时提供一条龙、一次性、无障碍、保姆式服务。继续引进高端民宿、主题酒店、医疗养生、康体、娱乐、会议等项目和设施，提高赵家镇休闲旅游业的规模和档

次，将国家香榧公园打造成为集养老、养生、避暑度假、科学考察、修习教育于一体的综合性养生旅游度假科教板块。

5.加强宣传营销。通过对"水墨赵家"公众微信号进行二次开发、承办香榧节等举措，将赵家的美食美景、旅游攻略、世界文化遗产等品牌推介出去，吸引更多的大城市游客来赵家"深呼吸"，体验"慢生活"。

6.加强人才培育。加强与浙江商贸职业学院等几家学校与培训机构的合作，开展农家乐经营管理、农家菜烹饪、礼仪接待、客房管理、农家乐文化、市场营销、农产品经纪人，以及各类种养殖技能培训工作，积极参加各级乡村旅游培训活动，努力让赵家镇农民从"山里佬"转型为懂现代经营理念、善于经营管理、掌握服务技能，能真正适应现代新兴产业发展需要的新型农民。

福

建福州

福州茉莉花与茶文化系统保护与发展工作报告

福州市农业局

福州市委、市政府高度重视全球重要农业文化遗产的传承、保护与发展，福州市农业局大力支持福建福州茉莉花与茶文化系统的建设与发展，2016年在农业文化遗产的保护与发展方面做了如下工作。

一、大力扶持茉莉花基地建设

2009年开始，福州市农业局对新植茉莉花基地补贴逐年提高，2015年已上升至2 500元/亩，每年新增茉莉花面积近千亩。以茉莉花基地建设为主导，推动产业发展，促进一二三产业融合。比如，茉莉花种植户逐渐向电商、茶叶花木贸易转型；大型茶叶企业逐步发展自己的基地，建立"企业+基地+农户"的产业模式；在茉莉花基地建设的同时实现生态美化的目的，推动旅游业发展，例如永泰县梧桐镇，引进产业、流转土地，将茉莉花种植与大樟溪生态相结合，打造永泰版"云水谣"，2015年度游客数达到5万人次以上，带动600户村民脱贫增收，实现三产融合，互利共赢。

2016年福州市政府高度重视城市品牌——茉莉花推广。作为福州市的市花，市政府决定全市广种茉莉花，所有重大场合摆放茉莉花，拟于2018年全市建成7个茉莉花主题公园。向市民赠送茉莉花苗的活动陆续开展，长乐市决定每个乡镇都力争建立一个茉莉花公园。

二、打造福州茉莉花茶品牌，提升茶叶品质

2016年，在中国茶叶区域公用品牌价值评估中，福州茉莉花茶品牌价值达到28.52亿元，同期增长6.5%，稳居全国茶叶类区域公用品牌价值十强，并且排名再进一位，列第七位。为了持续扩大福州茉莉花茶的影响力，提升福州茉莉花茶品牌价值，福州市农业局以福州海峡茶业交流协会为载体，开展了一系列活动。

组织福州茉莉花茶企业60余家/次抱团参展，宣传推广福州茉莉花茶，主打全球重要农业文化遗产——福建福州茉莉花与茶文化系统这一主题，足迹遍及贵州、北京、济南、宁夏等二十余个城市和地区。积极参与各类交流学习，提升福州茉莉花茶产业。2016年度组织企业和有关单位，前往广西、杭州、昆明等地学习考察当地的花、茶产业；派遣有关负责人前往内蒙古敖汉、浙江青田以及韩国、日本等地学习农业文化遗产保护与发展的经验。

以全国茶叶标准化技术委员会花茶工作、茉莉花茶标准的制定为契机，以福州茉莉花茶茶王赛为引导，以福州茉莉花茶金字招牌管理使用规范为依据，在绿色食品、有机农业的标准基础之上，努力提升福州茉莉花茶品质，实现福州茉莉花茶精品工程。福州市农业局每年设立专项资金扶持花茶工作组开展工作，目前已完成国家标准《茉莉花茶》的修订和《茉莉花茶加工技术规范》标准的修订。并与福建农林大学共同促进福州茉莉花茶联合科研中心各项科研活动的有序开展，2015年度发表科研论文6篇，完成博士论文1篇、硕士论文2篇，培养博士生1位、硕士生10位。

三、促进非物质文化遗产传承，挖掘并展示福州茉莉花茶文化

福州茉莉花茶传统窨制工艺2014年12月被国家列为全国第四批非物质文化遗产。它是全球重要农业文化遗产福建福州茉莉花与茶文化系统的重要组成部分。福州市农业局大力支持协会每年开展福州茉莉花茶茶王赛，每两年举行福州茉莉花茶传统窨制工艺传承人、传承大师赛。2016年度共评选出茶王6个、金奖13个、创新奖1个。评选出福州茉莉花茶传统窨制工艺传承大师5位、传承人8位。目前有福州市级非物质文化遗产传承人7位，省级非物质文化遗产传承人4位，其中2位正在申报国家非物质文化遗产传承人。

在《茉莉韵》和全球重要农业文化遗产系列读本《福建福州茉莉花与茶文化系统》两本专题著作基础上，积极参与筹备《福州茶志》编纂工作。2016年5月4日，福州市政府专题会议同意立项编纂《福州茶志》，随后促成福建省创意农业研究会与福州市方志委签订《福州茶志》编撰协会，此志将专题记述福州茉莉花茶的历史传承，对宣传福州茉莉花茶产业和品牌具有重大的历史意义。

截至2016年福州市以福州茉莉花茶为主题的文化展示馆建成3个，分别是春伦的仓山区茉莉花茶文创园、旗山温泉山庄绿茗茶业的福州茉莉花传统工艺展示馆和金鸡山公园福州茶厂的福州茉莉花茶主题馆，2015年度旅游观光人次突破36万，福州茉莉花茶文化深入人心。

四、加强《福州市茉莉花茶保护规定》执行力度和建立信息监测体系

《福州市茉莉花茶保护规定》2014年8月1日开始实施。福州市农业局严格执行《福州市茉莉花茶保护规定》的有关要求，积极发展福州茉莉花茶产业，传承保护农业文化遗产。截至目前已完成福州茉莉花茶保护专项规划编制和《福州茉莉花茶保护实施细则》，划定了茉莉花种植保护基地并实行分级保护，茉莉花种质资源圃和创新基地项目已立项开展。其他各类工作，如基地保护、品牌推广、质量安全等均已有序开展。

农业部高度重视农业文化遗产的保护与发展。2016年5月在北京召开了中

国全球重要农业文化遗产年度工作会议，专门部署全球重要农业文化遗产的监测工作。福州市农业局积极响应农业部等相关部门的号召，多次开展监测点工作会议，落实本地区遗产监测事宜。建立了以福州市农业局为核心，延伸到各县（市）区农业局，触及各下属乡镇，外延至相关企业的监测网络。与福建师范大学地理研究所合作进行监测工作具体事宜。目前在全市范围内共设立9个监测点，2015年度监测工作总结和年度监测报告已完成，目前正在进行2016年度监测信息填报等工作。

五、存在的问题

1. 茉莉花种植保护基地目前已划定的范围较少，仅1 000亩左右。

2. 古茉莉花植株保护涉及土地归属问题，难以协调。

3. 福州茉莉花茶企业拆迁安置困难。

4. 福州茉莉花与茶文化系统博物馆建设搁置。

全球重要农业文化遗产
与精准扶贫结合

福建春伦茶业集团有限公司

保护与发展全球重要农业文化遗产（GIAHS），发展茉莉花基地与精准扶贫工作相结合。

福建春伦茶业集团有限公司在永泰县梧桐镇等地引导农民种植茉莉花，并直接向农民收购茉莉花，减少了流通环节的成本，每千克茉莉花由原来16元左右的收购价提高到52元左右，仅此一项，农民每年每亩茉莉花至少增收1.5万元。

目前，福建春伦茶业集团有限公司在全市建立了千亩茉莉花园，为八百多农户创造了就业岗位。梧桐镇的春光村、春阳村、白杜村等的耕地基本都被用于种植茉莉花。原先农户种水稻，每亩年收入不足3 000元，农民宁可没事干，也不愿意种水稻，导致耕地抛荒。改种茉莉花后，扣除人工、农资等成本费用，每亩增收超过8 000元，每年每户至少增收3万多元，来自茉莉花的收入占花农年总收入的90%以上。通过种植生产茉莉花，农民增加了收入，村里兴修了道路、水利设施，村庄整洁干净，环境优美，每年的茉莉花开采节吸引了大量游客，成为发展乡村旅游的一个亮点。

传承农业遗产
助力"三农"发展

福建春伦茶业集团有限公司　傅天龙

源远流长的农业大国特性，决定了中国传统文化主要来源于农业、农村和农民。农业文化遗产是古代先民创造的成果，是中国优秀传统文化的重要内容，也是服务"三农"，助力现代农业腾飞的翅膀。

福州茉莉花茶源远流长，2014成功入选全球重要农业文化遗产名录，这对福建做茶人是巨大的鼓舞

福建春伦茶业集团有限公司（简称春伦集团）董事长傅天龙成长于茉莉花茶的发源地，从小就怀有传承做茶技艺、生产茉莉花茶的梦想。他的祖上创建了生春源茶庄，到了他这一代再创业也走过了而立之年。如今，春伦集团是农业部授牌的国家农业产业化龙头企业，先后入选"世界最具影响力品牌"企业、"中国茉莉花茶传承品牌"企业和中国茶业行业百强企业。2015年，春伦集团产品获得福建省政府质量奖。正是根植于作为全球重要农业文化遗产的福建福州茉莉花与茶文化系统的沃土，使得春伦集团能够在经济新常态下发出"窨制一壶茶，发力供给侧"的铿锵。

实践表明，保护遗产与发展经济并行不悖，能够求取双赢。福建拥有做好茶的独特优势，依托茶产业实施精准扶贫，使春伦集团赢得了发展自身和回报社会的双赢。福建福州茉莉花与茶文化系统，是物质、文化和生态等多种成果集成的世界遗产，应当在春伦集团手中传承和弘扬，更好地服务于发展现代农业、建设美丽乡村、帮助农民致富。

春伦集团的主要做法和体会

1. 务实坚守，传承农业遗产。创业期间，春伦集团经历了茉莉花茶市场无序竞争造成的产业凋敝，也经受过房地产业的诱惑，傅天龙复兴发展福州茉莉花茶产业的信心始终没有动摇。为了适应现代市场的消费需求，春伦集团在严格继承传统生产技艺的同时，积极引进现代化的生产技术和管理办法，不但有效扩大了产能，而且开创了产品可追溯、生产规模化、主要环节无菌化的茶叶生产新路子。在生产成本持续攀高的情况下，春伦集团依然专注产品质量，诚信经营，坚持用做高端茶的技术引领低端茶的生产，终于成长为农业产业化国家重点龙头企业，并成为全国茶行业首家获得"三品一标"的企业（即通过无公害农产品、绿色食品和有机食品认证，并获得国家农产品地理标志使用资格）。为了农业遗产的创造性转化和创新性发展，春伦集团运用"互联网＋"，从生产、销售、物流、营销等多个层面去"加"，用互联网思维经营，打破时间、空间限制，推动供需双方的直接对接，助推农业实现个性化生产与集约化生产相结合，为全球重要农业文化遗产的传承宣传开拓了更广阔的空间。傅天龙本人也获得福建省首席高技能人才和福州茉莉花茶窨制工艺代表性传承人、传统工艺传承大师称号，获评"中国茶叶行业年度经济人物"，并享受国务院特殊津贴。

2.铸造品牌，保护农业遗产。在产业最萧条的日子，为了保护福州茉莉花茶的品牌，扭转"低档"茶的印象，傅天龙曾经借钱制作了150多千克茉莉花茶中的极品"针王"，赠送各界有影响力的人士。面对"有名茶而无名牌"的尴尬，春伦集团申请注册了"春伦"商标，引入质量认证体系，参与申请注册地理标志，参加茉莉花茶标准的制定，逐渐奠定了春伦集团行业龙头的地位。十年间，企业实现了跨越式发展，产值从2004年的1亿多元，提高到现在的9亿多元。2016年，"春伦"品牌价值达8.3亿元。春伦集团积极配合福州市政府打造茉莉花茶的城市名片，先后邀请世界各地的茶叶协会主席来世界茉莉花茶发源地福州实地考察；举办了世界茉莉花茶文化鼓岭论坛；参加了申请入选全球重要农业文化遗产名录的活动；参展上海世界博览会、米兰世界博览会，与法国勃艮第等地互相交流学习等，通过这些方式把中国茶文化传播到了世界各地，树立了茶产业民族品牌的形象。

3.深耕文化，弘扬农业遗产。茉莉花茶蕴含着花的奉献和茶的包容，经过岁月的积淀，已经成为福州城市文化名片、福建茶文化名片、中国的名片。近年来，伴随产业结构的转型升级，乡村旅游日渐升温，成为旅游产业的新型业态。春伦集团努力将福州茉莉花茶千年窨制工艺与现代技术进行融合，坚持"生态农业、科技农业、快乐农业"的整体建设，深耕蕴含在茉莉花茶中的文化内涵；通过创意产业的植入，精心打造都市观光农业园、茶文化创意园，建立茉莉花茶博物馆。春伦集团建成的春伦茉莉花茶文化创意园，已经成为仓山区唯一的国家AAA级旅游景区。春伦集团通过把花园、茶园、独具特色的福州茉莉花茶生产工艺、茉莉花茶茶艺表演、科普教育等有机结合起来，通过开办"茉莉学堂"和中小学生社会实践基地，从娃娃抓起，传承弘扬农业文化遗产，使得人们能方便地接近和参观全球重要农业文化遗产，充分展示农业文化遗产的价值。截至目前，春伦茉莉花茶文化创意园，先后接待大中小学生及各方宾客427 682人，其中有来自世界五大洲78个国家的88 568位外宾。该创意园已成为福州市和仓山区的文化旅游名片和对外文化交流的窗口。2016年，"禅茶一味·福寿之旅"茶文化旅游专列从北京抵达福州。这是首列开进福州的、以茶文化为主题的入闽旅游专列，春伦集团的"茉莉仙子"代表热情好客的福州人民迎接北京游客的到来。多年来，春伦集团始终坚持配合政府打造"一村一品"旅游精品品牌，让农业遗产焕发出新的活力。新开发生产的星座茶、速溶茶和组织开展的网络微茶会等,把茶做得时尚流行,吸引了年轻人,使他们喜爱和接受。春伦集团在全国主要大中城市都有春伦茶叶经销点和名茶体验店,并在国外设立了常年展销窗口。春伦集团法国分公司已经成为海内外乡亲慰藉乡愁的家园。福建福州茉莉花与茶文化系统这一全球重要农业文化遗产,正物化在创新开发的茶品中,默化在消费者的心灵里,融合在"一带一路"的征程中。

4.回馈社会,共享农业遗产。茶产业与"三农"关系密切,与农民增收息息相关。福建省脱贫攻坚的任务繁重,迫切需要特色产业来支持。多年来,春伦集团在发展自身的同时,针对茶叶生产与农村、农民密切相关的特点,本着共赢、共享的原则,主动肩负起"发挥优势服务三农、产业扶贫回馈社会"的担当,带领广大员工把践行社会主义核心价值观落实在实施茶产业精准扶贫的行动上,做"绿水青山就是金山银山"的实践者,坚持"输血"和"造血"相结合的扶贫办法。针对罗源县中房村、叠石村的实际情况,春伦集团专门在罗源县中房村成立了罗源生春源茶业公司,实施"公司+合作社+农户+标准"的模式,进行茶叶深加工,并建成福建省现代农业(茶业)项目高效安全生态茶园建设试验示范基地,吸引了2 000多户村民重新回到茶叶种植行业,带动了周边13 000亩茶园的建设。现在,罗源县叠石村家家户户都种上了茶叶。春伦集团还在福建永泰县尝试实施公益捐款加生产带动、合作开发的综合方式,引导农民种植茉莉花,挖掘当地的旅游资源,发展乡村旅游,为800多农户创造了就业岗位。

福州市香承百年茶业有限公司
创业案例

福州市香承百年茶业有限公司

作为全球重要农业文化遗产的重要组成部分——福州茉莉花茶传统窨制工艺受到各界的广泛关注，入选国家非物质文化遗产名录。同时，传统工艺制作的福州茉莉花茶受到消费者的青睐。作为福州市省级非物质文化遗产传承人，陈成忠先生充分发挥自己的优势，借助全球重要农业文化遗产（GIAHS）保护与发展的契机，开创了自己的品牌，成立了福州市香承百年茶业有限公司。该公司依托陈氏家族四代茶叶制作技艺及福州传统茉莉花茶窨制工艺的传承，以精湛的工艺和高品质茉莉花茶产品为核心竞争力，努力开拓茉莉花茶类中高端定制细分市场。通过非遗工艺展示、茶友交流等方式，努力让更多的消费者了解高品质福州茉莉花茶产品，改变了消费者对茉莉花茶低价、低品质的印象。福州茉莉花茶以中高端定制为主，每年产品供不应求，客户对其产品的品质有口皆碑。福州市香承百年茶业有限公司成为GIAHS创业的成功案例。

苏兴化

强化对外交流　提升保护水平

——2016年"兴化垛田传统农业系统"保护工作报告

江苏省兴化市农业局

　　2016年，根据兴化市第十五届人民代表大会第五次会议《政府工作报告》中"发挥兴化垛田传统农业系统这一全球重要农业文化遗产的优势，做大做强旅游产业，全面推进国家全域旅游示范市创建"的要求，强化对外合作交流，组织编制遗产保护与发展规划，江苏兴化垛田传统农业系统保护与利用工作成效显著。

一、主要措施

（一）编制规划，实行科学保护

为保护、发展好江苏兴化垛田传统农业系统，2016年5月12日，兴化市农业局与中国科学院地理科学与资源研究所签订了项目合同书，委托其编制《兴化垛田传统农业系统全球重要农业文化遗产保护与发展规划》。7月21～25日、9月7～13日，中国科学院地理科学与资源研究所规划编写组的专家2次来到兴化，实地考察兴化垛田传统农业系统，并与田间劳作农民、蔬菜脱水加工企业负责人、农家乐业主等现场交流，与农业、旅游、环保、国土等部门人员座谈、调研，广泛收集遗产地社会、经济、人文及农业相关资料，确保编制规划的科学性、前瞻性、可操作性。2016年年底已完成规划的起草工作，将在征求各方意见的基础上修改、完善，并向社会公布、实施。

（二）加强培训，开展遗产监测

作为江苏兴化垛田传统农业系统这一全球重要农业文化遗产的业务主管部门，兴化市农业局高度重视遗产的保护与监测工作，明确1位局领导分管全球重要农业文化遗产工作，并落实2位具体工作人员，同时明确遗产地的5个乡镇农业服务中心负责人为监测工作具体责任人。5月9～11日，邀请中国科学院地理科学与资源研究所白艳莹助理研究员来到兴化，对农业文化遗产进行考察、指导，同时围绕农业文化遗产的概念与特点、农业文化遗产保护工作回顾、农业文化遗产保护需要解决的问题、农业文化遗产监测与评估等知识，为兴化遗产管理人员及相关专业技术人员进行了专题培训，并对3个遗产监测点分别进行了百户问卷调查，掌握了遗产地第一手数据信息，确保监测工作顺利展开。

（三）拓展思路，加强对外交流

积极参加全球重要农业文化遗产的学术研讨和交流活动，提升对江苏兴化垛田传统农业系统的保护与利用水平。2016年9月7～8日，在农业部国际合作司和国际交流服务中心的积极倡导与大力支持下，兴化市成功举办了农业文化遗产保护经验交流会。闵庆文教授以专家的视角，详细介绍了全球重要农业文化遗产及其保护的国内外经验，并与墨西哥合众国墨西哥城联邦区政府的赫霍奇米尔科、特兰华克和米尔帕阿尔塔世界自然文化遗产地区签订了《农业文化遗产谅解备忘录》。10月30～31日，由联合国粮食及农业组织和农业部联合主办的、"粮食安全特别计划"框架下"南南合作"项目——第三届全球重要农业文化遗产高级别培训班在兴化成功举办。兴化遗产管理人员通过学习，了解了世界各地对农业文化遗产传承、保护与利用的成功经验，进一步拓展了保护江苏兴化垛田传统农业系统的思路。

（四）注重宣传，扩大社会影响

2016年，兴化市政府研究室、农业局、教育局等部门，联合完成垛田保护传承与开发利用课题研究。《全球重要农业文化遗产——兴化垛田保护传承与开发利用的策略研究》被江苏省哲学社会科学界联合会列为"江苏省社科应用研究精品工程"的市县专项课题。3月29日至4月2日，中央电视台大型纪录片《大国根基》摄制组来到兴化，以全球重要农业文化遗产兴化垛田传统农业系统为取景地，集中展现这一沼泽洼地土地利用典范的农耕智慧。借助千垛菜花旅游节和品蟹赏菊旅游季，组织垛田传统农业系统中的糖塑、面塑、泥塑、结艺、农民画、刻纸、米甜酒制作等特色农耕文化，以及板桥道情、鼓儿书、判官舞等特色民俗文艺进行集中展示，传承传统农耕文化，扩大农业文化遗产的影响力。

二、取得的成效

（一）旅游效益提升

通过挖掘江苏兴化垛田传统农业系统景观资源，形成"春看菜花、夏观荷花、秋赏菊花、冬品芦花"的四季美景，推进国家全域旅游示范区的创建。据统计，全市共有2 000户农民参与遗产地旅游接待，其中农家乐110家。2016年千垛菜花旅游节期间，共接待游客145万人次，同比增长21%；实现旅游总收入10.15亿元，同比增长41%。其中，景区门票总收入3 100万元，同比增长22%。

（二）品牌质量提升

充分发挥垛田果蔬种植基地的优势，加大兴化香葱、龙香芋、油菜籽等特色产品品牌的培育。2016年，兴化香葱荣获全国果菜产业百强地标品牌；兴化荷藕被中央电视台第六届魅力农产品嘉年华活动评为"中国最具魅力农产品"；兴化龙香芋成功注册为地理标志集体商标，并荣获第十四届中国国际农产品交易会和第十七届中国绿色食品博览会金奖；兴化蔬菜脱水行业出口创汇1.8亿美元，同比增长39%。

（三）保护意识提升

通过宣传，全社会对遗产保护的意识增强，在发展经济的同时，不忘遗产保护。2016年，遗产地核心区域周奋乡被命名为"江苏省生态乡镇"。江苏省财政投资570万元，对李中镇苏宋村开展"优美乡村"建设。在高兴东公路改造(兴泰—S231改线)的规划阶段，由于涉及垛田地区，市规划部门主动征求农业部门的意见，确保江苏兴化垛田传统农业系统这一全球重要农业文化遗产得到有效保护。

三、工作打算

2017年，遵循"在发掘中保护、在利用中传承"的重要农业文化遗产管理方针，兴化市积极履职、主动作为，重点抓好以下工作。

（一）开展遗产监测

进一步收集、整理遗产地农业资源、文化、知识、技术、环境等相关数据信息，在中国科学院地理科学与资源研究所专家指导下，完成网上数据填报工作。

（二）参加遗产活动

积极参加部、省组织的全球重要农业文化遗产活动，强化遗产地间的交流，提升农业文化遗产的保护与发展水平。

（三）强化遗产宣传

以《兴化垛田传统农业系统全球重要农业文化遗产保护与发展规划》的公布为契机，加大宣传力度，进一步增强全社会的保护意识。

（四）开发遗产产品

授牌十家江苏兴化垛田传统农业系统这一全球重要农业文化遗产的主题餐厅和特色农家乐，并开发了一批遗产特色旅游纪念品，扩大遗产影响力。

发挥遗产效应　培优壮大品牌

——兴化垛田传统农业系统品牌建设典型案例

江苏省兴化市农业局

江苏省兴化市美华蔬菜专业合作社成立于2010年8月13日，地处全球重要农业文化遗产江苏兴化垛田传统农业系统这一核心区——垛田镇张庄村。

该合作社耕地面积3 000亩，成员128人，出资总额988万元，主要从事龙香芋、香葱、生姜等兴化地方特色蔬菜的生产，是一家集蔬菜种植、销售、储藏于一体的农民专业合作组织，被江苏省农业委员会认定为2015年江苏省省级农民合作社示范社。

垛田独特的岛状耕地，每块面积不大，土质疏松、养分丰富，四面环水，光照足、通风好、易浇灌的特点，使其生长的龙香芋肉白色，粉而香，芋头呈椭圆形，肉质黏，

是中央电视台纪录片《舌尖上的中国》推荐的美食。2014年4月，江苏兴化垛田传统农业系统被联合国粮食及农业组织列为全球重要农业文化遗产，更是赋予了垛田独特的文化内涵与品牌效应。美华蔬菜专业合作社抢抓机遇，充分挖掘垛田传统种植优势，以兴化龙香芋品牌的培育为抓手，实现了经济、社会和生态综合效益的提升。

1. 实施传统种植。兴化市美华蔬菜专业合作社积极配合农业部门做好垛田传统农耕方式的调查，在

龙香芋是垛田地区传统的种植品种

强化垛田保护的同时，牵头组建了兴化市龙香芋产业发展协会，并在农业部门的指导下，制定了兴化龙香芋产品标准与生产技术规程，积极引导合作社农户大力实施"香葱—龙香芋"轮作模式。由于龙香芋生长期需水量大，通过一天3～4次浇水，不仅满足了龙香芋的生长需求，更实现以水降盐，避免因耕地常年种植蔬菜导致的连作障碍问题。同时，大面积采取施用河泥、发酵农家肥、覆盖水草、麦草护苗等传统种植方式，提升了耕地质量，减少了化肥施用，规范了农药使用，保持了"兴化龙香芋"特有的口感细腻润滑、有黏度、香气浓郁等特性，提高了产品品质，改善了垛田种植生态环境。

2.培育壮大品牌。合作社注重品牌建设，将理事长的姓名"杨美华"注册为商标，既便于记忆，又彰显了担当、诚信的理念。合作社生产的香葱、龙香芋、生姜、大蒜、菠菜、莴苣等先后通过无公害农产品认证，其中龙香芋于2015年通过绿色食品认证。2015年12月，"杨美华"牌兴化龙香芋获得第九届江苏省农民合作社产品展销会畅销产品奖，并在央视7套第五届魅力农产品嘉年华活动中被评为"中国最具魅力农产品"。2016年1月，兴化龙香芋被农业部优质农产品开发服务中心选入"2015年度全国名特优新农产品目录"。2016年9月获得第

十七届中国绿色食品博览会金奖。2016年11月获得第十四届中国国际农产品交易会金奖。

3.开拓销售市场。合作社在与本地30多家脱水蔬菜加工企业签订种植协议的基础上，发挥全球重要农业文化遗产这一优势条件，经农业部门审核，在产品包装上标注"全球重要农业文化遗产"字样，实行统一包装、统一销售。同时，合作社新建一座可冷藏芋头50万千克的大型冷库，有效延长了产品的销售期，使龙香芋进入春节及次年清明节市场，并与邮政电商合作，实行了网上销售。兴化龙香芋外销上海、浙江、福建、山东等地多家蔬菜批发市场及江苏省兴化市周边县市。节假日期间，常有来自上海、南京等地的私家车直接开到合作社，就地购买兴化龙香芋。2016年，合作社龙香芋实现销售额628万元，利润125万元，平均售价每千克12元左右，其中春节前售价每千克高达22元。

陕西佳县

陕西佳县古枣园
2016 年保护与发展工作总结

陕西省佳县农业局

一、概况

（一）佳县概况

佳县位于陕西省东北部，毛乌素沙漠南缘，榆林市东南部，面积2 029平方千米，辖12个镇、1个街道办事处、330个行政村，总人口26.8万人。

佳县是中国红枣名乡，世界红枣原产地之一。红枣资源得天独厚，总面积82万亩，年产量2.5亿千克。已培育有机红枣6.5万亩，成为中国有机红枣第一县。佳县红枣富含多种营养元素，是天然滋补佳品，北京《同仁堂志》记载："葭州油枣入药可医百病。"在佳县开发有机食品、保健品、药品并创立名优品牌大有作为。

（二）陕西佳县古枣园概况

陕西佳县古枣园，是2014年4月28日经联合国粮食及农业组织认定的全球重要农业文化遗产。项目区主要覆盖佳县螅镇、坑镇、木头峪、朱家洼、刘国具、店镇、乌镇、通镇8个镇1个街道办事处。该区域总土地面积1 986 750亩。其中：耕地496 179亩，古枣树（百年以上的枣树）152 400多株，年产鲜枣1.5亿千克左右；枣林410 111亩；草地460亩；建设用地33万亩；石坡地30万亩。区域内人口总计207 195人（占全县总人口77％以上），56 380户。

（三）监测点基本情况

项目区域内，泥河沟、木头峪、荷叶坪三个自然村被设为全球重要农业文化遗产地监测点。泥河沟村为核心保护区，木头峪、荷叶坪为重点保护区。

二、2016年完成的主要工作

（一）完成了"陕西佳县古枣园"相关资料的调查整理

佳县从2016年1～6月份抽调农业系统相关技术人员，对全县古枣园系统区域内8个镇和1个街道办事处进行了全面深入的调研，对该区域内的人口、户数、劳力、土地、古枣园、古枣树、酸枣林、红枣产量等相关信息，进行了较为准确的统计整理。

（二）完善规划和文件

编制了《佳县人民政府关于加强全球重要农业文化遗产保护的通告》。该通告对保护区范围的建设、耕作技术、生态环境、遗产标识、开发等做出了比较详尽的规定。

在完成了古枣园系统《概念性保护规划》的前提下，2016年3月完成了《佳县古枣园暨泥河沟古民居保护与发展规划》，现已进入实施阶段。同时也制定了《佳县古枣园暨泥河沟传统村落保护管理办法》等相关文本。

（三）成功举办了"陕西佳县古枣园申遗成功两周年活动"

2016年7月14～21日在泥河沟古枣园内，举办了"陕西佳县古枣园申遗成功两周年暨泥河沟大讲堂庆典活动"。活动由中国农业大学、佳县人民政府主办，由县农业局、朱家坬镇政府及泥河沟村支部、村委会具体承办。活动圆满成功。

参加活动的媒体有中央电视台、农民日报社、陕西电视台、陕西日报社、榆林电视台、榆林日报社、佳县电视台等十余家。会后各媒体都做了特别报道。《农民日报》

在2016年7月30日头版，用以《踏访西北第一全球重要农业文化遗产——陕北佳县泥河沟千年古枣园》为题，用一整版做了十分全面的报道，在全国引起了很大反响。在此活动中，孙庆忠教授等七位专家分别做了讲座，对遗产与古村落的保护与发展，从理论到实践做了深入浅出的讲解。参训人员超过四千人次。各级领导干部、技术人员、广大枣农受益匪浅。特别感人的是佳县县委书记、县长，前后三天参与大讲堂活动并做了重要讲话。同时也请孙庆忠教授在县城内为佳县的"五套班子"成员和全县科级干部讲了一次长达4小时的大课。通过这次

大讲堂活动，使全球重要农业文化遗产保护工作在全县干部中产生了共鸣。通过这次活动，佳县从书记、县长到一般干部，从科技人员到广大枣农对全球重要农业文化遗产保护与发展都有了深刻而广泛的认识，收到了前所未有的效果。

（四）完成了"枣源记忆"与"枣乡生活"等资料的挖掘与整理工作

中国农业大学孙庆忠教授及他的工作团队，共计21人，先后4次来遗产地，实地深入调查一个多月。他们在保护区内与基层领导、广大枣农同吃同住，通过挨门逐户拉家常、走访座谈等形式，挖掘并整理出长达18万字的"枣源记忆"和"枣乡生活"资料。对佳县红枣历史、生态历史、农村村史、耕作技术等方面，进行了前所未有的深度挖掘和全面整理，为遗产的保护与发展提供了翔实的资料。

（五）加大了遗产保护的"硬件"建设工程

1. 对泥河沟古枣园核心保护区的护坡进行了全面修复。

该工程共投资150万元，对核心保护区的563米护坡全面进行翻新。工程动土方4 000立方米，石方2 880立方米，用水泥580.3吨，沙子1 528立方米，石子554立方米，投劳1 500个，该工程已全部完工。

2. 新建古枣园围墙150米，投资6万元。围墙的新建，对千年古枣园起到了保护和美化作用，工程现已完成。

3. 泥河沟村农业遗产展览馆、接待中心两项工程全面开工。

该项工程以本村旧小学11孔窑洞和开章小学三层老教室为基础，聘请北京专家团队设计方案，计划投资100万元，将旧小学改建成全球重要农业遗产展览馆，将原开章小学改建成泥河沟接待中心。展览馆工程已基本完工。

（六）用好全球重要世界遗产名片，努力打造红枣品牌

成立了佳县泥河沟世界遗产千年枣林专业合作社。该合作社在2015年内外包装的基础上，2016年新设计并推出使用全球重要农业文化遗产标识的精美小包装1万套，将遗产地产品推向国内外市场。

（七）组织县、镇、村三级遗产地相关人员去外地考察学习

2016年4月12～16日，派科技人员参加了在北京召开的遗产地年度监测体系建设培训会议。遗产地首席专家高峰同志在会议期间做了《用好农遗文化名片，打造中国大枣品牌》的专题发言，受到同行专家的一致好评。

2016年8月10～15日，组织佳县泥河沟村主要负责人一行6人，在江苏太仓市东林村、半经村等地，对该地区各类专业合作社的组织形式、运行情况做了详尽的考察学习，收到了很好的效果。回村后，组建了佳县首家、在村支部、村委会领导下的广大枣农占股超过51％的，泥河沟"世遗枣业专业合作社"。

2016年12月18～20日，组织泥河沟、木头峪、荷叶坪村主的村干部一行12人，对府谷各县高寒山古柏树保护区建设进行了实地考察学习。通过对"中华板图柏"的考察，广大村干部对古枣园的保护有了更大的信心、更多的想法。

（八）全面加强全球重要农业文化遗产地监测体系建设

为了改变重申报轻保护的现状，佳县在项目执行过程中，将监测体系建设作为最重要的环节来抓。目前，佳县已成立全球重要农业文化遗产保护办公室，相关8个镇和1个街道办事处也成立了乡镇一级的办公室并配有遗产地保护专干，将木

头峁、荷叶坪两村也纳入重点监测点，形成县镇村全覆盖的保护监测体系。

（九）完成了全球重要农业文化遗产地产业园区建设的前期准备工作

该产业园区距离佳县县城两千米，规划区占地263亩。现已投入1 800多万元，并完成160亩的"三通一平"前期工程。计划在两年内投入运营。

（十）《中国枣王》一文刊登于《人民日报》

2016年11月23日《人民日报》副刊第24版，发表了梁衡先生的《中国枣王》一文。全文3 600多字，旨在宣传佳县千年古枣林。文章的发表是佳县近几十年来少有专题宣传佳县的高级别、高水平的报道。文章的发表在国内文艺界、学术界反映良好。

三、主要成效

（一）县、镇、村各级领导和广大枣农对全球重要农业文化遗产的认识有显著提高

由于佳县申遗成功较晚，加之周边也无先例，因此，全县上下一直对什么是全球重要农业文化遗产、

怎样保护、怎样发展等问题认识很浅。随着项目的实施，县级主要领导、各部门科级干部对遗产保护的重要性有了较为深刻的认识。县委书记、县长全年在实地指导遗产保护工作不下十次之多。在县财政十分困难的情况下，2016年县财政拿出256万元支持遗产保护工作。这不难看出县委、县政府对项目的高度重视和支持。

采取"走出去"，"请进来"的办法，教育了枣农，培训了骨干，使广大枣农的保护意识也有了很大的提升。

（二）建立了较为准确详细的遗产地数据库

因申遗前后拆乡并镇并村等原因，遗产地范围内乡镇数、耕地、枣林、人口、户数等基础数据都变化很大，一直没有较为公认准确的说法。通过项目的实施，现已确定遗产地区域为8个镇和1个街道办事处，总土地为198万多亩，耕地49.6万亩；有枣林41万亩，古枣树15万余株；区域内人口超过20万人、56 380户等主要数据，为佳县遗产保护工作提供了有力的数据支撑。

（三）对遗产地千年古枣园核心保护区的红枣栽培历史，传统耕作技术、村史、民俗等方面有了较为系统的文字记录

依托孙庆忠教授为代表的中国农业大学团队，挖掘整理了18万字的系统的文字资料撰写了图文并茂的"枣源记忆"与"枣乡生活"，结束了泥河沟无文字记载的历史。

（四）千年古枣园得到史无前例的保护

通过项目实施，遗产保护工作受到县级主要领导和各部门的大力支持，县财政给予256万元的保护工程费，完成了对核心保护区36亩千年古枣园工程保护措施。

（五）佳县古枣园系统及其产品的知名度总体得到提高

经中央电视台军事农业频道、《人民日报》《农民日报》、省、市、县、电视台多家媒体的宣传报道，全球重要农业文化遗产及其产品，在全国范围内有了较大的知名度。佳县千年红枣也由原来每千克1.5～2.5元，卖出现在每千克5～10元的高价钱，使广大枣农看到了全球重要农业文化遗产产品的未来，从而增强了群众对遗产保护的信心。

（六）传统栽培技术加工工艺得到保护与发展

"陕西佳县古枣园"的核心部分就是"枣、粮、疏"间作立体栽培体系。因小杂粮市场价格已回升，枣林地间作小杂粮的传统种植技术又有回升趋势。因消费者对回归自然产品的需求，自然风干的红枣产品深受市场的欢迎，佳县红枣产品的80%以上又采用了自然风干的加工工艺。

（七）枣属野生资源得到进一步保护与发展

佳县是中国红枣的原产地，是世界红枣的栽培中心。本来就有大面积的红枣原始品种——野生酸枣。当地群众原本并不看好这一珍贵品种，破坏十分严重。通过项目实施，广大枣农认识到：酸枣原来是枣的祖先，是枣的原始种，并有很高的药用价值，酸枣的市场价已高出枣价3倍以上。现在枣农抢着管护，争着采收。

四、主要经验

（一）做好县级主要领导的工作

县级领导对项目认识的深度，直接决定着项目推进的力度。请全球重要农业文化遗产专家委员会成员或高水平专家，重点做好县级主要领导的工作，使县级各套班子对项目有较为全面深刻的认识。没有县级领导的高度重视和大力支持，仅靠农业部投资的50万元绝不可能完成这样多的工作任务。

（二）做好与各种媒体的联动工作

项目推进的每个节点都离不开现代媒体的支持。各媒体多层次、全方位、高频率的报道，为遗产地项目的实施、产品的外销创造良好的内外舆论环境，可起到事半功倍的效果。

（三）做好群众的教育组织工作

教育广大群众树立遗产保护的主体思想，培养广大枣农对遗产保护的使命感和责任心，这是做好遗产保护的最基础、最根本的工作。没有群众大力支持和积极参与，所谓遗产保护将是无根之木，空中楼阁。

五、存在问题及改进建议

1. 投资渠道不畅，投入资金太少。保护经费应纳入各级财政预算。

2. 遗产保护组织机构不全，专业人员太少。省、市都应组建相应的机构，配备专业人员。

3. 宣传工作不力，社会认知度不够。各级政府应加大遗产保护的宣传力度。

江西崇义

围绕保护、传承、发展，做活崇义客家梯田"原"字文章

江西省崇义县人民政府

　　自2014年崇义客家梯田被农业部评为中国重要农业文化遗产以来，崇义县委、县政府高度重视，围绕梯田的"保护、传承、发展"，举全县之力做活客家梯田"原"字文章，为申报全球重要农业文化遗产打下了扎实基础。

一、围绕"原生态",做活"原色保护"文章

（一）精心保护，筑牢保护基石

为做好梯田保护工作，近年来，崇义县委、县政府多次召开常委会、常务会，传达学习农业文化遗产保护相关文件精神，对崇义客家梯田保护工作进行全面部署。在深入调研的基础上，结合全域旅游发展理念，编制了崇义客家梯田旅游景区总体规划，并将其纳入全县生态旅游总体规划及现代农业示范园区总体规划，建立由农粮、旅游、林业、水利、交通等部门单位组成的全球重要农业文化遗产申报工作领导小组及办公室，下发任务分解表，明确县级责任领导、县级责任单位及责任人、完成时限、保障措施，把各个部门完成情况纳入年度重点工作考核，从顶层设计推动崇义客家梯田保护与发展各项工作整体落实。

（二）就地保护，释放保护红利

建立生态与文化保护补偿机制，加大土地流转力度，鼓励规模经营。一方面，对梯田核心景区的梯田种植农户实行财政再奖补（即每亩60元，连补3年），对承包粮田而不种粮的，不给予现行的粮补款，并采取"谁种粮食谁得补"的措施鼓励其他人耕种。另一方面，对核心景区梯田复垦按照每亩300元的标准进行奖励，成功复垦梯田2000余亩，平均每亩经济收入0.5万元（综合有机大米价格折算）。效益补偿机制的建立，增加了当地原住民的收入，也大大提高了他们保护梯田资源的积极性。同时，实行传统民居建设审批制度，严格控制房屋层数、建筑面积、色彩格调和外观，把特色乡村建设与传统民居保护相融合，逐步恢复传统民居风貌。仅2017年，崇义县就先后投入近5000万元对梯田核心景区内6个自然村落实施了传统村落维护与修葺。

（三）活态保护，建立保护体系

坚持"保护优先、统一规划、科学管理、永续利用"的原则，由崇义县申遗领导小组办公室牵头，协同有关单位建立档案资料，分析研究崇义客家梯田文化景观的构成要素和景观、地质、环境、水文、气候、游客等方面的变化演进情况，为崇义客家梯田的保护、管理和发展提供科学依据。在此基础上加大资金投入力度，实施涉及水、路、电网以及住房和通信等全方位的基础设施提升，使现行建设和谐嵌入梯田生态系统，在生态原样发展的过程中植入现代元素。投入近3亿元启动旅游公路、旅游圩镇、游客集散中心、民俗一条街等配套服务设施建设；投入1500余万元修建农田水利灌溉设施，并启动高效节水改造工程，保护水资源这一梯田命脉；实施农村电网升级改造工程，全面改善原住居民的生产生活条件。

二、围绕"原文化"，做活"原味传承"文章

（一）留住村民，传承农耕文化

梯田是一种活态遗产，梯耕稻作要留得住当地村民，代代相传，才能传承客家梯田文化。为此，崇义县委、县政府做了大量工作，通过发展旅游和绿色有机农业，让耕者增收，让梯田增绿，使崇义客家梯田得以永久保护和永续利用。对

有条件开办农家乐的农户，利用县级农民实用化技术培训平台统一开展厨艺、服务等技能培训，并安排对农家乐经营进行指导服务，协助成立崇义客家梯田农家乐协会，为50余家农家乐业主提供沟通交流平台。依托梯田所在地生态环境优势，大力开展农业招商，引进企业，发展高山有机大米和有机茶叶等有机农业，提升产品附加值，提高农民种粮种茶和维护梯田的积极性。目前，梯田景区内发展农家乐、民宿点50余家，种植有机大米2 000余亩、有机高山茶3 000余亩，并有2 000多名村民进入到旅游产业链当中，大批的原住农民"洗脚上岸"、返乡创业，旅游从业人员人均实现年增收5 000余元。

（二）口传心授，永葆传承活态

梯田遗产不止是呈现在世人面前的"大地雕刻"，还包括隐然于斯的梯田主人们的生活、信仰、风俗、民情。一直以来，这些资料都是依靠口传心授得以传承。为此，崇义县着重从客家文化习俗、农田生态环境、资源消耗等家底进行摸排，特别是对客家文化习俗建立了完整资料库，并推动"舞春牛"列入江西省省级非物质文化遗产保护名录。"舞春牛"是当地民俗祭祀表演，原名"春牛闹"，寓意祈求来年风调雨顺、五谷丰登。同时，组建客家梯田文化保护传承队伍，挖掘收集整

理以"舞春牛""告圣"和唢呐等为主的客家民俗词曲，并编制《上堡乡志》，使其成为原住民的乡土教材，让当地群众全方位地了解客家梯田文化。

（三）创新方式，多媒体式传承

邀请中央电视台等全国知名新闻媒体、网络记者到客家梯田采风，扩大客家梯田文化遗产的知名度。在中央电视台《客家足迹行》栏目播出了以梯田文化为主题的《白云深处好耕田》；通过《舌尖上的中国2——时节》展示了梯田美食（九层皮）；邀请中央电视台七套农业·军事频道拍摄了申报全球重要农业文化遗产纪录片，将更多的梯田元素集中呈现在全国观众面前。创建省级摄影文化基地，各地摄影爱好者定期、不定期到梯田拍摄梯田美景，各类民间团体协会定期、不定期地举办各类摄影展，共享梯田景色。同时，通过县乡村干部走访、村民大会宣讲、发放宣传单、设置宣传牌等多种形式，向当地群众和游客宣传梯田保护的重要性，传承客家梯田文化。

三、围绕"原产业"，做活"原生发展"文章

（一）坚持绿色，做大绿色生态产业

坚持走绿色发展路线，采取农民土地资源流转及劳动力入股合作等方式，积极推动高山梯田有机大米产业发展，建立高山有机米示范基地6个，直接带动200多户原住居民致富增收。同时，推进攀岩登山、生态采摘、农事体验等项目实施，

并加大当地原生态产品(九层皮、黄元米果、高山茶、笋干、苦菜干、杨梅干、甘薯等)宣传力度,将各类产品项目与梯田关联,共同推动以梯田观光为主线的生态旅游产业链发展。近年来,崇义客家梯田景区接待游客年均增长30%以上,当地原生态产品销售收入年均增加200多万元,实现了发展与保护双赢。

(二)发展、做精红色教育产业

弘扬梯田上的红色教育,充分结合上堡整训(上堡被军史誉为中国"军旗不倒"的地方)历史及整训90周年纪念,加大当地红色文化挖掘力度,在绿色生态产业链条中插入"红色基因",向游客讲述梯田稻浪中的红色经典,做好对梯田旅游的承接。完成上堡整训旧址修复改造工程,并大力向外推介上堡整训,加快建立红色教育基地,着力将上堡整训旧址打造成一个集党史教育、党性教育、廉洁教育和爱国主义教育为一体的综合性红色教育基地,走出一条"红色培训"精品发展的新路子。据统计,2016年上堡整训旧址共接待游客1万余人次。

（三）突出古色，做优古色休闲产业

结合梯田旅游循环公路建设，构建精品线路，精心打造"古色休闲"旅游品牌。依托景区玉庄旅游基地打造契机，修复太平天国古跑马场，挖掘整理与古跑马场有关的文化历史印记和逸事传说，增添文化底蕴。同时，加大对传统古村落的开发和保护力度，打造具有客家文化特色的民俗改造示范点2个，在传承古元素的过程中并入现代元素，增添梯田旅游的可玩性和可看性，让游客全方位、多角度体会客家梯田的历史文化和发展变化。

四、加大保护、传承、发展的力度，提高影响力

虽然，崇义客家梯田申报全球重要农业文化遗产取得了一定基础，但仍然存在保护办法不多、传承方式不多、发展成效不明显，以及技术力量不强、原住居民对遗产理解不透彻等短板。今后，崇义县将以申报全球重要农业文化遗产为契机，加大"保护、传承、发展"的力度，进一步提高崇义客家梯田的国际知名度和影响力。

（一）做到保护措施更实

参照国家级自然保护区或国家级森林公园机构建制，尽快成立专门的客家梯田保护管理局，统筹做好客家梯田的保护、传承、发展工作。制定《崇义客家梯田农业文化遗产保护与发展管理办法》和《崇义客家梯田农业文化遗产标志使用管理办法》，建立激励机制，严格奖惩考核。通过引进有社会责任感的农业开发公司，进一步加强对撂荒梯田的流转力度，不断增加梯田的利用价值。

（二）做到传承途径更多

通过邀请记者来梯田采风，设立微博、微信公众平台，编制梯田宣传小图册，原住民现身说道，建立客家梯田博物馆等形式，进一步提高崇义客家梯田的知名度。

（三）做到发展力度更大

在传承传统加工技术的基础上，进一步做大做强客家梯田有机大米、富硒茶等绿色农产品品牌，做优做精九层皮、黄元米果、黄姜豆腐、梯田烈酒等特色美食品牌。同时，围绕梯田核心景区创建国家AAAA级景区目标，统筹梯田、文化、观光体验等元素，明确遗产地旅游发展定位，加强生态旅游基础设施建设，提高旅游公共服务能力。

甘肃迭部

甘肃迭部扎尕那农林牧
复合系统保护工作报告

甘肃省迭部县人民政府

　　扎尕那位于甘肃省迭部县益哇乡境内，地名意为"石匣子"，是藏语的转音。扎尕那距迭部县城28千米，地形既像一座规模宏大的巨型宫殿，又似天然岩壁构筑的完整古城。

扎尕那境内森林草场广袤，高山峡谷相依，溪流清泉遍布，藏寨寺院共生，古冰川遗址独特秀美，是一个以原生态自然风光和淳朴民俗风情为特点的藏族村寨。2009年，《中国国家地理》寻找"十大非著名山峰"，扎尕那位于榜单第四位。2013年，农业部确定"扎尕那农林牧复合系统"为第一批中国重要农业文化遗产。2014年，扎尕那入选"中国最美休闲乡村"。蜀汉时期，名将姜维把先进的汉族农耕文明引进到扎尕那；吐谷浑时期，汉地农耕文化和藏区游牧文化相互融合；明清"杨土司"时期，扎尕那农林牧复合系统逐渐发展起来，形成农田、河流、民居、寺庙与周边的山林和草地互相映衬，滩地耕种、林草相间的独特景观。农、林、牧之间的循环复合，使其生产能力和生态功能得以充分发挥，游牧、农耕、狩猎和樵采等多种生产活动的合理搭配使劳动力资源得到充分利用，汉地农耕文化与藏传游牧文化的相互交融形成了特殊的农业文化。与其他地区的农业文化遗产相比较，有其独特的文化遗产价值，主要包括：生物的多样性和极其丰富的自然资源、壮阔的农业生态和自然景观，蕴含着人与自然和谐共处的生态观念。为保护和传承好扎尕那农林牧复合系统，几年来，迭部县政府以"保护为主，合理利用，传承发展"为工作方针，不断健全机制，突出重点，强化措施，整体推进，全面启动了保护利用工作，进展顺利，成果喜人。

一、开展的工作

2012年在中国科学院地理科学与资源研究所的技术支撑下申报了中国重要农业文化遗产。2013年5月甘肃迭部扎尕那农林牧复合系统入选首批中国重要农业文化遗产。为了有效保护、合理利用和传承国家级农业文化遗产，促进传承活动的开展，迭部县在技术力量薄弱、财力缺乏的情况下，做了大量的工作。

（一）加强组织领导，成立管理机构

2013年8月成立了以县长为组长，县委副书记和副县长为副组长，组织部、宣传部、财政局、发改局、农牧局、林业局、环保局、旅游局、

教育局、住建局、交通局和民族宗教事务局为成员的扎尕那农林牧复合系统保护与发展领导小组。领导小组根据农业部制定的《中国重要农业文化遗产管理办法》和《农业文化遗产保护与发展规划编写导则》，出台了《甘肃迭部扎尕那农林牧复合系统管理办法》，委托中国科学院地理科学与资源研究所编制了《甘肃迭部扎尕那农林牧复合系统保护与发展规划》，并将遗产地的发展规划纳入迭部县"十三五"规划重点项目建设。为便于遗产地的管理与保护工作，促进全球重要农业文化遗产申报工作，2016年5月向甘肃省甘南藏族自治州（以下称甘南州）编制委员会申请成立迭部县扎尕那农林牧复合系统管理局。

（二）大力宣传扎尕那农林牧复合系统，提高知名度

自农业文化遗产保护工作开展以来，迭部县政府始终把通过宣传教育来增强全民保护意识作为工作的重要内容之一。一是以重大节庆宣传活动为载体，开展对农业文化遗产保护的宣传。二是通过举办展览、开展专题演出等形式，让社会各界充分了解农业文化遗产。三是充分利用大众传播媒介对农业文化遗产及其保护工作加强宣传和展示，增强全民抢救保护意识，达成社会共识。四是邀请新闻媒体记者到迭部来采访报道扎尕那农林牧复合系统，先后有中央电视台、甘肃省广播电视台、甘南州电视台、《农民日报》《甘肃日报》《甘南日报》的记者进行了采访报道。2016年4月，中央电视台针对扎尕那农林牧复合系统拍摄了两集纪录片。通过新闻媒体宣传，极大地提高了扎尕那农林牧复合系统的知名度和社会影响力。

（三）深化对扎尕那农林牧复合系统的理论研究，促进保护与发展

为合理保护和有效利用甘肃迭部扎尕那农林牧复合系统这一珍贵的农业文化遗产，迭部县政府与中国科学院地理科学与资源研究所签订了战略合作框架协议，从生态文明建设、生态旅游发展、农业文化遗产保护以及冰川地质考察等多个方面，开展综合科学研究，为扎尕那农林牧复合系统的可持续发展奠定了科学基础。其次，组织了保护与发展研讨会。自2009年起，由中国生态学会、甘南州委、州人民政府发起的迭部腊子口生态文明论坛已成功举办5届，先后有来自全国

各地的60多位院士专家，为扎尕那农林牧复合系统农业文化遗产的保护与发展贡献了智慧和力量，给扎尕那农林牧复合系统的保护与发展提供了坚实的理论指导。2013年甘肃迭部扎尕那农林牧复合系统被农业部列为第一批中国重要农业文化遗产，2016年被农业部列入第一批中国全球重要农业文化遗产后备名录。

（四）遗产地基础设施建设

一是基础设施得到改善。扎尕那农林牧复合系统入列中国重要农业文化遗产后，迭部县政府利用生态文明示范村建设方面的专项资金，在核心保护区扎尕那村委的四个自然村进行改路、改水、改厕和游步道、观景台等建设，人居环境得到明显改善。二是卫生设施得到改善。2015年，迭部县启动了农村环境综合整治活动，在遗产地的四个自然村建立了垃圾填埋场地、垃圾焚烧炉等，在村寨路口、田边、道路边放置了垃圾桶，并为集中的村寨配备了垃圾收集车，每天往返村寨回收一次垃圾，使遗产地的农村环境卫生得到明显改善。

二、取得的成效

1.出台了管理规定，规范充实了村规民约，对扎尕那农林牧复合系统的传承和保护起到了重要的保护作用。

2.通过宣传报道，提高了扎尕那农林牧复合系统的知名度，促进了遗产地旅游业的发展，增加了群众的收入。

3. 遗产地基础设施得到建设，人居环境得到极大改善。

4. 挖掘整理了民间传统文化和艺术，为民间传统文化和艺术的传承发挥了积极作用，丰富了扎尕那农林牧复合系统的文化内涵。

三、存在的问题

(一) 缺乏经费支持

扎尕那农林牧复合系统的保护、研究、开发等工作需要大量经费支持，迭部县财政十分吃紧，经费方面十分困难，这成为制约迭部县农业文化遗产挖掘与保护工作的最大问题。

(二) 缺乏专门机构及专业人才

重要农业文化遗产既是一个地方历史文化渊源的见证，也是体现地方文化特色的重要形式，内容丰富，覆盖面广，开发保护工作量大，需要有专门的工作机构来负责。迭部县虽然已申报成立扎尕那农林牧复合系统管理局但至今还未获得批复，仅靠农业部门兼管，缺乏力度，致使传承、保护和申报、利用工作进展缓慢。

(三) 缺乏深刻认识

重要农业文化遗产是一个新概念，人们对重要农业文化遗产不了解、不认识、不重视，保护意识淡薄。

(四) 缺乏规范的传承体系

重要农业文化遗产的保护必须保住某一种传统的耕作方式，才能保住在其基础上产生可持续的生态农业以及各种文化习俗。由于经济全球化和现代化进程的加快，重要农业文化遗产的生存环境受到极大的威胁。随着人们生活方式以及世界观、人生观和价值观的嬗变，加之外来文化的影响等，尤其是年轻一代越来越远离本民族的传统文化，他们生活在网络环境中，丧失了对民族传统文化的关注和热爱，民族传统文化受到巨大冲击，并逐渐失去生存与繁荣的土壤。目前，农业文化遗产缺乏传承。

四、下一步工作

(一) 加大宣传力度、提高保护认识

加强对重要农业文化遗产及其保护工作的宣传教育，普及保护知识，营造保护的社会氛围，提高干部群众对重要农业文化遗产的保护重要性的认识，增强全社会对重要农业文化遗产的保护意识。利用电视、网络等媒体，多种途径宣传报道，扩大对外宣传，与世界接轨，

提升甘肃迭部扎尕那农林牧复合系统的知名度和影响力。

（二）积极开展民族文化活动

积极开展各种民族文化节庆活动和比赛，为农业文化遗产宣传搭建舞台，使广大群众感受到农业文化遗产的魅力和深厚内涵，进一步了解农业文化遗产保护的必要性与重要性，达到全社会理解和支持的目的。

（三）发展农业文化遗产观光旅游产业

随着扎尕那农林牧复合系统知名度的提高，越来越多的国内外游客慕名而来，取得了一定的经济效益和社会效益。目前，在扎尕那农林牧复合系统核心区，以发展旅游产业为主的农家乐有130多家，旅游业已成为当地群众新的经济增长点。越来越多的扎尕那人也切实感受到了扎尕那农林牧复合系统的价值，从而激励他们继续保持传统生产方式。

（四）出台扶持措施

农业文化遗产也属于中华优秀传统文化传承范畴。建议农业部对农业文化遗产特别是贫困地区的农业文化遗产如何传承保护等问题进行调研，并及时出台具体的保护措施。希望农业部对农业文化遗产地能从政策和资金方面给予扶持。

扎尕那人家
——桑杰家的新生活

　　"扎尕那人家"是扎尕那农林牧复合系统核心区东哇村村民桑杰家的农家乐名称。

桑杰是一个年过40岁的藏族汉子，能歌善舞，头脑灵活。桑杰全家共有11口人，136头牦牛，30只羊，8匹马，17头猪，22亩耕地。藏族人一般不分家，桑杰两口子和两个儿子目前住在农家乐，父亲住在老房子里，弟弟常年在牧场负责放牧，每个小家庭都各有任务，每年自负盈亏，到年底时整个大家庭再统一算账。桑杰称自己是"财务"大总管。2012年之前，每逢由秋入冬之时，正是牛羊们膘肥肉美的好时候，村民们便把成群的牛羊赶到集市或者宰杀了在家中卖。所以只有到了冬天，村民们手头才最宽裕。除了放牧，每家每户都有自己的农田，种上青稞和蚕豆或者是马铃薯。但是，牧民们所种的粮食仅能自给自足。桑杰家算是一个典型代表。

2012年迭部县政府开始申报扎尕那农林牧复合系统为中国重要农业文化遗产，并在西安、重庆和银川等地举办扎尕那旅游项目推介会，宣传扎尕那。同年5月开始，扎尕那来了很多游客，好多游客露宿在草地、田旁和农户的院内，吃的是方便食品。桑杰看到了商机。和父亲商量后，桑杰把家里新建的二层楼改造成有20个床位的客房，并把自家的灶房腾出来让游客自己做饭，在大门口挂上了"扎尕那人家"的招牌。从2012年6月开办到9月底，桑杰家的扎尕那人家天天爆满，开办3个月的农家乐收入超过了3万元。2016年扎尕那人家的床位增加到36个，并开办了便利店，农家乐收入超过20万元。提起农家乐的经营，桑杰高兴地说："新建的四层楼房到2017年旅游旺季就能投入使用，有标准间和藏式房，接待量增加到了76个床位，预计2017年的收

入将会达到40万元，2～3年收回投入成本。"扎尕那人家住过很多外国人，有德国的、法国的、澳大利亚的、新西兰的、加拿大的，还有好多记不清的。""他们有的会讲汉语，不会讲汉语的就说英语。"被问到和外国人在一起是否会交流不便时，桑杰说："我就说汉语，要是碰到那种我不懂他，他也不懂我的情况，我们就直接用手势加语言说，到最后也能明白。"对于扎尕那农林牧复合系统的保护，他说："扎尕那的美，美在自然景观，美在农业景观，如果缺少了农业景观那扎尕那就失去了它的完整，游客也就不会来了。""我们扎尕那世世代代放着牛羊，耕种着青稞蚕豆，在山林里采摘狩猎，现在又增加了一项新的行业——农家乐，开办农家乐增加了扎尕那人的收入。"

扎尕那的农家乐起步于2012年，桑杰家带头开办了农家乐。如今，扎尕那村有农家乐130多家。2016年来扎尕那旅游的游客达到60多万人次，旅游业为扎尕那的发展注入了新的活力。

浙
江湖州

浙江湖州桑基鱼塘系统工作情况报告

浙江湖州市农业局

湖州素有"丝绸之府、鱼米之乡、文化之邦"的美誉，集这些美誉于一体的"浙江湖州桑基鱼塘系统"已于2014年被列入中国重要农业文化遗产名录，目前正在申报全球重要农业文化遗产（GIAHS），并通过了联合国粮食及农业组织全球重要农业文化遗产科学咨询小组专家首轮评审，将进入下一步实地考察阶段。

一、浙江湖州桑基鱼塘系统基本情况

桑基鱼塘是我国历史最悠久的综合性生态养殖模式，距今已有2 500多年历史。该系统充分利用水土资源，通过"塘基上种桑、桑叶喂蚕、蚕沙养鱼、鱼粪肥塘、塘泥壅桑"的桑基鱼塘生态农业模式，最终形成了种桑养蚕和养鱼相辅相成、桑地和池塘相连相倚、典型的水乡桑基鱼塘生态农业景观。湖州南浔是中国传统桑基鱼塘系统最集中、面积最大、保留最完整的区域，目前有近4 000公顷桑地和10 000公顷鱼塘。它有以下几个特点：

1.桑基鱼塘系统不仅为人们提供了大量生态、安全、优质的淡水鱼类及丝绸产品，而且成为系统区域内农民家庭收入的主要来源之一。目前，区域内养蚕制作成丝绵、鱼塘养鱼等人均生产性收入达到了1.45万元，占南浔区2016年农村居民人均可支配收入2.64万元的54.92%。桑基鱼塘系统在桑树品种的育种、育苗与栽培管理，蚕种育种、蚕的饲养、蚕茧缫丝、丝织工艺，以及鱼苗繁育与四大家鱼的立体生态养殖等方面积累了大量的知识与技术。系统区域是青鱼、草鱼、鲢鱼、鳙鱼中国四大家鱼人工养殖的发祥地，系统区域内生产的辑里湖丝又称

"辑里丝"，曾在1851年伦敦世界博览会、1911年意大利都灵工业展览会、1915年巴拿马世界博览会等会展上获得过金奖，并在2010年上海世界博览会上成为浙江馆的镇馆之宝。

2. 桑基鱼塘系统形成了内容丰富、价值较高的种桑养蚕、养鱼、婚嫁习俗和轧蚕花、祭蚕神等蚕桑文化、渔文化与宗教信仰。系统区域内钱山漾遗址中发掘的绢片、丝线、丝带、丝绳等丝麻织品，距今已有4700年左右，是世界上迄今发现的年代最早的家蚕丝织物。系统区域内的中国蚕桑丝织技艺，于2009年被联合国教育、科学及文化组织列入世界人类非物质文化遗产代表作名录。目前已在遗址区域内建立了丝绸之源历史博物馆。

3. 桑基鱼塘系统具有优美的自然景观，拥有丰饶的土地和水资源。在2003年的全国旅游资源普查中，桑基鱼塘景观被评为国家旅游资源最高等级（五级标准），区域内的获港古村获得农业部颁发的"中国最美休闲乡村"及住房和城乡建设部、国家旅游局颁发的"全国特色景观旅游名村"等称号。系统区域内的射中村成为联合国粮食及农业组织亚太地区综合养鱼培训中心的桑基鱼塘教学基地。2015年以来，联合国粮食及农业组织全球重要农业文

化遗产科学委员会委员、日本综合地球环境科学研究所阿部健一教授，以及来自巴西等28个国家的第二届全球重要农业文化遗产高级培训班学员，到湖州南浔考察桑基鱼塘系统，对桑基鱼塘生态循环农业模式、农旅结合、文化传承、古村保护等给予了高度赞赏与肯定。

二、积极推进桑基鱼塘系统的保护与利用工作

近年来，湖州市委、市政府和南浔区委、区政府高度重视桑基鱼塘系统的保护和发展工作，采取了积极措施，促进了桑基鱼塘系统在保护中利用、发展中传承。

（一）制定保护发展规划

委托浙江大学编制了《湖州南浔桑基鱼塘系统保护和发展规划》，划定核心保护区、次保护区和一般保护区。同时，在农业生态保护、农业文化保护、农业景观保护、生态产品开发、休闲农业发展等方面进行了详细阐述。目前，该规划已获得南浔区人民政府批复，同意在全区范围内认真组织实施。为进一步深化浙江湖州桑基鱼塘系统的保护与利用工作，2016年11月与李文华院士团队签约成立了农业文化遗产保护与发展院士专家工作站，12月与中国科学院地理科学与资源研究所、浙江大学三方签约成立了湖

州中国重要农业文化遗产保护与发展研究中心。湖州市依托这些平台，推进了桑基鱼塘系统的保护与利用、扩大了湖州的知名度和影响力，取得了明显的工作成效。

（二）建立保护管理机制

2013年湖州市、区两级政府相继成立桑基鱼塘保护利用工作领导小组，颁布了《湖州市桑基鱼塘保护区管理办法》。2015年，市政府又将桑基鱼塘系统保护与发展纳入《湖州市生态文明先行示范区建设条例》，使桑基鱼塘系统得到更加严格的保护。

（三）传承桑基鱼塘文化

近几年，湖州市部分中小学在教育方面，对桑基鱼塘的传承与发展进行了积极探索，积累了丰富的经验。比如，创立小学生课外兴趣小组，举办小学生桑基鱼塘文化艺术创意大赛等，使桑基鱼塘文化在课堂与实践教育中得到了有效传承与推广。同时，湖州还将桑基鱼塘文化纳入美丽乡村建设，请进农村文化礼堂，使特色文化更好地得到传承与发展。

（四）加大政策资金扶持

湖州市、区两级政府每年安排专项资金，通过项目补助形式对核心保护区内桑树补植、鱼塘修复、河道疏浚等方面给予相应资金补助。近年来，在对原生态桑基鱼塘进行修复性保护的同时，充分挖掘其生态循环农业模式的内涵，创建了"果基鱼塘""油基鱼塘""菜基鱼塘"等新型农业循环模式2万余亩。

三、下一步工作打算

（一）做好文本修改与现场考察的相关工作

扎实做好申遗英文文本的修改完善工作，进一步细化农业文化遗产保护管理规划并抓好落实，实现"以申报促保护"的可持续发展目标。同时，做好准备，迎接全球重要农业文化遗产专家来湖州实地考察。

（二）做好文化传承与发展工作

根据中共中央办公厅、国务院办公厅《关于实施中华优秀传统文化传承发展工程的意见》要求，为了积极推进湖州市桑基鱼塘系统文化在湖州市青少年中传承与发展，结合湖州市中小学艺术教育教学实际，湖州市教育局、湖州市农业局于2017年7月共同举办"首届湖州市中小学桑基鱼塘系统文化现场艺术创作大赛"。目前各学校正积极动员宣传、组织活动开展预选。

（三）做好对外宣传与营销工作

建立国际合作意识，引导桑基鱼塘农业文化走向世界。适时举办专题论坛，开展学术交流，打响湖州桑基鱼塘农业文化的全球品牌。下一步湖州将更好地依托院士专家工作站，农业文化遗产保护与发展研究中心等平台，在农业文化的保护利用上做出更多的亮点、更多的成效。同时，湖州要依托获港古村现有的条件和优势，开发建设桑基鱼塘农业文化主题公园，打造湖州市农业文化的精品工程，为农业增效、农民增收发挥更好作用。

荻港渔庄董事长
徐敏利的创业史

荻港渔庄董事长徐敏利是土生土长的荻港人。2004年，徐敏利转变发展思路，从化工企业转型到生态旅游行业。在上级各部门的大力支持下，徐敏利利用当地荒废湿地、老桑地、老鱼塘等，依托境内丰富的桑基鱼塘资源，充分挖掘当地鱼文化，大力开发生态观光旅游项目——荻港渔庄。

获港渔庄现已累计投资近2.2亿元，占地面积605亩，总建筑面积为2.7万平方米，园区内外有1 000亩桑基鱼塘养殖区和200多亩果蔬基地。获港渔庄目前有本村员工350人，拥有餐位3 200个、房间220个、大小会议室16个；同时建有渔乡风俗馆、湖州笔道艺术馆、禅茶馆、蚕桑丝绸馆、票证馆5个充满本土文化特色的展览馆，是一个集餐饮住宿、休闲度假、民俗体验、文化展示、科普教育为一体的特色文化产业园区。获港渔庄先后被授予全国休闲渔业示范基地、全国休闲农业与乡村旅游示范点和浙江省文化产业示范基地，徐敏利荣获浙江省休闲观赏渔业行业协会会长等荣誉称号。在诸多荣誉背后，渔庄的当家人徐敏利付出了很多心血和努力。获港渔庄创办12年来，以传承和保护传统文化为己任，突出"保护桑基鱼塘品牌，传承千年淡水鱼文化"主题，在致力于"弘扬农耕文化，推动乡村旅游"的践行中逐步发展壮大。徐敏利董事长为浙江湖州桑基鱼塘系统申报全球重要农业文化遗产做了大量的工作，做出了积极贡献。早在2008年，徐敏利董事长通过认真调研，深入研究，写成提案，在湖州市政协会议上首次提出保护桑基鱼塘的建议。2013年，徐敏利董事长作为浙江省政协委员，

再次将《关于湖州荻港桑基鱼塘保护传承基地建设的若干建议》作为提案递交到浙江省政协大会。该提案得到了省政协的高度重视，浙江省政协文史委领导专门成立调研组赴湖州进行实地考察，明确指示要保护桑基鱼塘的传承和发展。通过多年的争取和努力，2014年"桑基鱼塘"被正式列为"中国重要农业文化遗产"，目前正在申报"全球重要农业文化遗产"。

随着桑基鱼塘品牌的影响力日渐扩大，2012年荻港渔庄注册了与此相关的荻港陈家菜（系国民党陈果夫的私房菜）商标，并被纳入湖州市非物质文化遗产名录。"烂糊鳝丝"这道菜，曾代表湖州的鱼文化，参加了2013年10月20日中国湖州对话意大利都灵双城情牵央视《城市1对1》，荻港渔庄厨师现场制作了这道菜，并与意大利都灵巧克力文化传承人进行了交流。伴随着知名度的提高，到荻港鱼庄来吃鱼汤饭已经成为游客的向往。

为了进一步摸清并完善桑基鱼塘的生态模式，渔庄加强与湖州师范学院、浙江省淡水鱼研究所、浙江大学、上海海洋大学等知名高校院所的科技合作，探索生态养殖。科学的养殖模式吸引了众多国家水产养殖班前来学习交流，从而将获港的生态养殖模式推向世界。

近年来，获港渔庄开发了桑基鱼塘的另一产品——桑叶系列食品，如桑叶茶、桑叶面、桑叶蛋糕、桑叶馒头、桑叶饼干、桑叶塌饼等。2013年9月21日，获港渔庄受浙江大学的邀请，与来自14个国家的专家与学者，实地举行了鱼文化国际学术交流会，专门交流了获港桑基鱼塘文化、鱼文化、桑叶系列产品等内容。2014年1月11日，获港渔庄举办了"中国·湖桑茶"论坛。2014年12月19日，全国蚕桑资源多元化利用学术研讨会在获港渔庄成功举办。越来越多的专家和学者开始关注获港的桑基鱼塘和桑叶产品。

获港渔庄自成立以来，至今已连续举办了八届以桑基鱼塘为载体、以传统鱼汤饭为特色的大型鱼文化节。将桑基鱼塘传统鱼文化、蚕桑丝绸文化、美食文化、古村文化、耕读文化、婚俗文化等几千年的桑基鱼塘文脉展示在游客面前。

获港渔庄自开业以来，不仅解决了当地村民的就业问题，随着土特产及桑叶产品的开发利用，也为当地解决了农产品销售，带动了当地农民增收致富。多年来徐敏利一直关爱和帮助弱势群体，投入财力物力帮他们解决困难，还成立了获港渔庄慈善互助公社。2007年公司出资606万元，建设了和孚镇社会福利中心，免费接纳和孚镇范围内的孤寡老人。

山

东夏津

创新模式　多措并举
构筑保护与发展新蓝图

山东省夏津县旅游局

山东夏津黄河故道古桑树群，占地6000多亩，百年以上古树2万多株，是迄今发现中国树龄最高、规模最大的古桑树群。

2016年，山东夏津黄河故道古桑树群保护与发展工作全面贯彻"政府主导、百姓参与，保护优先、适度利用，整体保护、与民共赢"的方针，按照"创新、协调、绿色、开放、共享"的五大发展理念，坚持保护农业文化遗产的整体性和功能性，注重发挥古桑树群防沙治沙、生物多样性保护、生物资源利用、农业景观维持等多功能价值，统筹规划、创新机制、用心工作、真抓实干，古桑树群的生态价值、历史价值、文化价值、经济价值得到了全面凸显。

一、基本情况及获得的荣誉

黄河历史上以"善淤、善决、善徙"著称。周定王五年（公元前602年）、宋庆历八年（1048年），黄河主流两次流经夏津，行水759年。改道后在夏津留下了30万亩沙河地，称之为"黄河故道"，距今已有2 000多年的历史。古时"沙漠荒凉，不宜禾稼，人烟凋敝"，当地人民为抑制风沙、促进农业生产而植桑造林，鼎盛时期种植面积达5 000多公顷，现遗存400多公顷，百年以上古桑树2万多株，是中国现存树龄最高、规模最大的古桑树群，开创了以桑治沙的可持续农业发展模式，成为兼顾生态治理和经济发展的沙地农业的重要典范。

山东夏津黄河故道古桑树群，是黄河流域农桑文化的代表，是中国农桑文明发展的历史见证，是全国乃至全球防风固沙工程的伟大成就，是人与自然和谐共荣的珍贵遗产。

　　2014年5月29日，山东夏津黄河故道古桑树群被农业部评定为中国重要农业文化遗产。依托古桑树逐渐发展起来的黄河故道森林公园是国家AAAA级旅游景区、国际生态安全旅游示范基地、国家级水利风景区、国家级森林公园、全国休闲农业与乡村旅游示范点，入选"黄河文明"国家旅游线路。

二、工作措施及成效

（一）健全组织机构

　　成立了由县长任组长、常务副县长为副组长，各相关单位为成员的山东夏津黄河故道古桑树群全球重要农业文化遗产保护工作领导小组，出台了实施意见和《古桑树群农业系统保护与发展规划》。为更好地保护和发展古桑文化、桑产业，我们把整个县域作为遗产地，细分为以苏留庄镇为主的古桑树群保护区（核心保护区）、桑产业发展区、特色经济林果发展区、中部综合发展区和生态功能恢复区五大功能区，重点做好古桑树群的保护与发展工作。创新管理模式，制定了《古树名木保护管理制度》，建立古树档案，签订管护责任书，给农户发放古树补助，也就是说政府和老百姓一起维护、管理这里的树木，共同享受旅游经济成果。

（二）注重顶层设计

为了进一步传承和保护古桑资源，山东夏津黄河故道古桑树群全球重要农业文化遗产保护工作领导小组积极向行业顶尖学者请教，2014年7月，召开了山东夏津黄河故道古桑树群农业文化遗产保护与发展研讨会，邀请李文华、向仲怀、束怀瑞三位院士和50余名知名专家对夏津县古桑树群保护发展工作进行顶层设计。三位院士的保护建议，得到了山东省委省政府主要领导的批示。夏津县黄河故道生态修复工程被列入山东省"一圈一带"发展规划，古桑树群被列为《山东省桑蚕产业发展规划》，作为"果叶兼用桑生产基地县"重点打造。在充分挖掘当地古桑种质资源的基础上，搜集整理国内和世界上古桑种质资源，启动了全球最大的桑树种质基因库项目建设。2016年10月，举办了夏津桑产业发展高层论坛，来自西南大学、山东省农业科学院等高校院所的50余名院士、专家学者，为夏津县古桑树群农业文化遗产保护与发展建言献策，并成立了桑产业院士综合工作站。与西南大学合作建立了夏津桑产业应用技术研究院，在技术创新、产品研发等方面加强合作，携手推进桑产业保护与发展。11月2日，第三届联合国粮食及农业组织"南南合作"框架下全球重要农业文化遗产高级别培训班在夏津县举办，来自联合国粮食及农业组织官员、全球重要农业文化遗产项目官员和20多个国家的农业部代表对夏津县黄河故道古桑树群申报全球重要农业文化遗产工作进行了考察，交流发展经验，探讨发展战略。

（三）延伸产业链条

立足资源优势，注册了夏津椹果地理标志商标。同时，积极招引椹果加工企业，提升附加值。与中国中医科学院屠呦呦团队核心研究员叶祖光教授合作研发椹果保健品，"健字号"认定工作取得实质进展。山东菇园桑黄研究中心专门致力于桑黄菌种培育、桑黄产品的研发和推广，以及产业化生产，充分挖掘其药用价值，不断延伸夏津县桑产业链。因生产企业的增加，出现了桑果供不应求现象，当地农户种桑积极性大大提高，桑树种植面积逐年扩大。同时，积极探索"企业+合作社"的机制、休闲农业管理和服务体系建设，将企业利益和农民利益有机结合在一起。

（四）强化宣传推介

自2008年开始，依托国家AAAA级旅游景区黄河故道森林公园，连年举办黄河故道椹果生态文化采摘节、梨花节、槐花节、金梨采摘节等多种形式的节庆活动，通过中央、省市各类媒体，多层次、

多方位、多形式宣传夏津生态绿色品牌。同时，举办中国"一带一路"桑文化博物馆和黄河流域非物质文化遗产园项目奠基仪式，进一步传承和弘扬了绵亘久远的农耕文明和古桑文化。

经过多方努力，古桑树群保护与发展工作效果突出：一是增加了农民收入，进一步提高了人们的生态保护意识；二是弘扬了传统文化，有利于古桑农业文明的传承；三是搭建了平台载体，奠定了古桑文化产业做大做强的基础；四是增强了大众认同，有效维护系统生物多样性和生态功能。

三、存在的困难和问题

尽管山东夏津黄河故道古桑树群保护发展工作取得了重大进展和成效，但依然面临诸多困难和不足。一是百姓思想认识不到位，人们对古桑树群系统功能及其丰富的遗产价值认知不足，对保护意义认识不深。二是对《古树名木保护管理制度》《古桑树群农业系统保护与发展规划》等法律法规执行不到位，无形中弱化了遗产保护的工作力度。三是在实际工作中，相关部门履职不到位，存在"散打"现象，未能形成有效合力。四是不同程度地存在"轻保护，重利用"的现象，没有形成很好的融合发展态势。五是由于古桑树群面积广、遗产元素多，面临的形势比较复杂，保护难度大，压力大。

四、2017年工作计划

2017年，我们将按照国家、省、市有关决策部署，结合夏津科学发展、奋力跨越的新形势，推动农业文化遗产保护管理工作，将古桑树群保护和开发列入"十三五"规划，重点从农业生态、农业文化、生态产品和休闲农业四个方面做好工作：

1.农业生态方面，重点开展遗产地古树资源普查监测，建立遗产地古树名木保护、遗产地生物多样性、动态评价和预警"三大体系"，推广林粮间作、套作生态农业模式。

2.农业文化方面，做好四项重点工作：一是在充分挖掘当地古桑种质资源的基础上，搜集整理国内和世界上古桑种质资源，建立全球最大的桑树种质基因库。二是建立国家级"一带一路"桑文化博物馆，传承古桑文化。三是挖掘黄河文化资源及当地传统技术与民俗文化，筹建黄河流域非物质文化产业园。四是修复古村落、古建筑，实现古桑树群与人居环境的完美融合。

3.开发生态产品方面，抓好五项重点工作：一是加强龙头企业培育和建设；二是建立李文华、向仲怀、束怀瑞三位院士的省级院士工作站；三是与西南大学、中国科学院地理科学与资源研究所和山东农业大学联合，筹建桑文化与桑产业发展研究院；四是建立桑产业研究和桑树有机与高效栽培基地；五是进一步挖掘椹果药用价值，争创"健字号"认定。

4.休闲农业方面，抓好四项重点工作。一是进一步完善"企业＋合作社"的机制，将企业利益和农民利益有机结合在一起，更好地保护和发展桑产业；二是建设一批农家乐和休闲农庄；三是加强休闲农业管理和服务体系建设；四是进一步完善提升黄河故道基础设施。

夏津黄河故道古桑树群承载着古老的黄河文明和平原地区先进的农耕文明，古桑树群独特的生态功能系统创造了中国乃至全球荒漠化治理的典范，是先辈留给我们的宝贵资源和文化财富，立足农业文化遗产平台，通过高标准规划、多渠道发展，促其生态价值、历史价值、文化价值、经济价值最大化，我们有信心、有决心把桑产业做大做强，打造中国桑产业发展高地，让"世界桑文化看中国，中国桑文化看夏津"的构想成为现实，让夏津黄河故道古桑树群这一珍贵资源在生态旅游区内熠熠生辉！

福建尤溪

福建省尤溪县联合梯田保护与发展工作交流汇报材料

中共尤溪县委　尤溪县人民政府

尤溪县全境面积3 463平方千米，居福建省各县（市、区）第二位，总人口44万，辖9镇6乡、250个行政村和15个居委会，是三明市辖区面积最大、人口最多的县。

联合梯田位于尤溪县北部的联合乡，该乡土地总面积159平方千米，辖12个行政村，46个自然村，180个村民小组，总人口2.2万人。在意大利罗马召开的联合国粮食及农业组织全球重要农业文化遗产（GIAHS）科学咨询小组（SAG）会议上，福建尤溪联合梯田的申报文本，获得专家组成员的通过。

一、联合梯田概况

联合梯田开垦于唐开元时期，是中国历史上开凿最早的大型古梯田群之一。经过数十代人的辛勤劳作和1 000多年的文化积淀，梯田逐渐形成其特有的地域农耕文化，具有很高的农业历史文化价值。梯田绵延于整个中高山片区的联合、联东、联南、联西、东边、连云、云山、下云8个行政村。最高海拔近900米，最低260多米，垂直落差600多米，面积达10 717亩，规模宏大，气势磅礴，是中国五大魅力梯田之一，也是发现海西之美十佳景点之一，还是福建最美梯田、福建省摄影创作基地。2013年5月，联合梯田被农业部确定为首批中国重要农业文化遗产。2016年9月，尤溪县顺利举办了首届联合梯田山地马拉松比赛。

二、梯田保护与发展情况

近年来，尤溪县主动融入"清

新福建"旅游发展格局，以"我家在景区"为发展目标，大力发展全域旅游。尤溪县坚持"保护优先，发展并重"，围绕"七彩梯田·仙境联合"，积极推进梯田的保护与发展，景区的知名度、影响力和接待能力不断提升。2016年，尤溪县入选第二批"国家全域旅游示范区"创建单位。同时，联合梯田的保护和开发工作得到了国家部委和省市党委、政府及部门的高度重视，有关领导多次深入联合乡，实地调研指导梯田的保护与发展，及时给出意见和建议，并给予了大力支持。2016年，联合梯田共接待各地游客及摄影爱好者12万人次，旅游总收入1 245万元；农家乐和民宿点接待过夜游客6 000余人次，营业总收入约85万元，户均营业额近12万元。尤溪县重点实施了以下五大工程。

（一）实施梯田保护工程

联合梯田发展的核心在于梯田保护。近年来，由于梯田耕作效益差、农村劳动力大量流失、耕种农户老龄化等，造成部分农田被抛荒。据初步统计，联合梯田总抛荒面积2 138.6亩，3 050亩核心区抛荒540亩。对此，尤溪县委、县政府高度重视，直面难题，积极应对。一是垦复抛荒耕地。县财政每年专项下拨30万元，对梯田耕作、荒田复垦进行补助，吸引青壮年劳动人口回流。组织农业部门实地考察调研，加大农业示范基地建设，培育农产品绿色品牌。采用"能人+合作社+旅游"发展模式，吸引乡贤回乡创业，成立种养合作社，因地制宜发展特色产业，带动富余劳动力就业。利用冬闲田种植油菜花、紫云英等，打造"七彩梯田"，发展梯田旅游。2016年，梯田核心区垦复抛荒农田1 409.54亩，有效遏制了抛荒现象。同时，发展梯田农家乐、民宿点7家，带动了梯田旅游业发展，逐步实现保护与发展双赢。二是发展特色农业。立足梯田农耕体系，发掘梯田农耕文化，着力提升梯田文化软实力。一方面，向专家"借智"。与福建农林大学和福建省农业科学院合作，采取"院校+合作社+基地"模式，深挖梯田农耕文化和传统农耕体系价值，积极推进梯田申报全球重要农业文化遗产，打造既是学生实践基地，又是农业传统品种和新品种共存发展的试验田。另一方面，借平台"推广"。针对联合梯田的生态特性，制定并实施资金、技术、人才、销售等扶持政策，推出稻米、白晒花生、田埂黄豆"联合梯田三宝"，通过农村淘宝、阿里旅游、我家美食特产街等渠道推介联合梯田，让更多人了解梯田及梯田产品。三是争创文化品牌。借助联合梯田品牌优势，整合全乡农村合作社资源，与厦门科创博纳投资有限公司、福建广电传媒有限公司合作，成立联合广创有限公司。从特色农业入手，瞄准中高端农副产品销售市场，开发联合梯田"A级"农产品，推广"公司+基地+农户+标准"新型农业技术模式，积极为梯田农特产品申请绿色标识，统一建立"联合梯田"品牌官方运营渠道，将联合梯田打造成游客难以舍弃的农副产品供给基地。目前，已完成"联合梯田"15大类品牌的注册和"梯田三宝"绿色标志、中国地理标志申报注册。

（二）实施机制创新工程

尤溪县委、县政府秉承"在发掘中保护、在利用中传承"的理念，坚持科学保护、规划先行，建立健全县、乡（镇）、村三级联动保护机制。在县级层面上，成立由县委主要领导任组长的全球重要农业文化遗产工作领导小组，负责联合梯田申报与保护的宣传、组织和推进工作。同时，积极参加相关农业文化

遗产交流活动和培训，充分学习和借鉴成功申遗经验，主动与上级有关部门对接，邀请有关专家进行工作指导，扎实做好申报文本编纂和审核工作。现已编制《福建尤溪县联合梯田文化遗产保护与发展规划（2012—2025)》和《尤溪县联合梯田旅游区总体规划》等，明确了联合梯田保护与发展的思路。在乡（镇）级层面上，由乡（镇）党委书记具体负责抓落实，针对联合梯田核心区，统筹协调区域保护发展规划，制定出台《联合梯田2016—2025年旅游发展纲要》，在保护的同时促进发展，在发展的同时回归保护，形成良性循环。在村级层面上，成立联合梯田农业文化发展有限公司，进一步调动各村参与保护梯田积极性，让企业带动村集体共同发展，让群众在梯田保护中获得收益，自觉成为梯田保护与发展的"践行人"。

（三）实施宣传推介工程

加大宣传推广力度，力争让更多人认识梯田、保护梯田。一方面，坚持把宣传教育、干群共为作为保护联合梯田、保护农业文化遗产的关键举措。采取多种形式，加强宣传教育，建立"12316三农"综合信息服务平台，推动农业信息化，提高农民遗产保护意识和产业发展能力，增强广大干部群众保护农业文化遗产的责任感和使命感，营造保护农业文化遗产的良好氛围。另一方面，坚持把传统媒体与新媒体相结合的立体宣传作为保护联合梯田、保护农业文化遗产的重要途径。通过电视媒体、网络等渠道，加强与中央、省、市广电机构合作，邀请中央电视台七套栏目组实地拍摄《中国重要农业文化遗产——联合梯田》专题纪录片和全球重要农业文化遗产申报宣传片，通过协办中央电视台农民春晚、举办联合梯田山地马拉松赛，对接中央电视台和省电视台小年夜直播等活动，宣传联合梯田和农业文化遗产地品牌。在尤溪县门户网站开设联合梯田旅游宣传窗口，建立联合梯田旅游官方门户网站，注册开通联合梯田微信公众号，开展梯田旅游宣传；与直播平台合作，拍摄真人秀体验活动《味解之谜》，将联合梯田传统农耕文化和传统美食向全国人民展示，不断提高知名度和美誉度。

（四）实施景区建设工程

以"联合梯田、候鸟旅居、自给自足、农耕生活"为旅游主题，以"七彩梯田·仙境联合"为旅游宣传语，全力支持联合梯田项目建设，并将联合梯田创建国家AAAA级景区列入《尤溪县"十三五"规划纲要》，联合梯田旅游开发项目也被列入省重点招商项目。一是走"生态+旅游"道路。立足绿色生态资源，按照"一带、一路、一品、一街"（"一带"：梯田核心景区带；"一路"：东连公路四级双车道改造项目；"一品"：云山民宿旅游精品村；"一街"：集镇河滨路"风情休闲街"）的思路，打造特色景观区，完善旅游基础配套设施，加快联合梯田核心景区建设，搭建候鸟旅居平台，创办特色旅游小店和家庭旅馆，形成集"吃、喝、玩、乐、住"为一体的特色旅游小镇。二是闯"农业+旅游"新路。坚持品牌引领，激发农民创业激情，传承"联合梯田"品牌系列产品伴手礼，策划"家有良田"农田认种的订单生产模式，依托农民专业合作社，大力发展绿色有机种植和生态立体养殖，生产高品质、原生态农产品，与旅行社合作推出梯田摄影、竹林观光、农事体验、摸田螺、叉泥鳅和挖山笋、采摘有机蔬菜等农耕体验项目，提高梯田旅游的文化性和趣味性，让游客享受当地纯朴的乡野生活。三是探"文化+旅游"途径。深挖本土文化内涵，打好红色旅游、民俗庙会、农耕文化三张文化牌，让文化成为乡村旅游画龙点睛之笔，实现"白加黑"，留住八方游客，感受联合梯田独特的风土人情。弘扬丹溪河畔耕读传家文化传统，高度重视南宋古迹伏虎岩庙

会、开耕节、熬"九粥"等民俗活动，支持联合民间艺术团创作，提升联合梯田旅游文化品质。启动境内有文化底蕴的古厝修复，传承和保护传统农耕用具、竹编农具制作工艺及东边石匠技艺，着力恢复梯田传统耕作文化记忆，把联合梯田建成国内候鸟旅居客体验"农耕生活"的首选。

（五）实施设施配套工程

将梯田保护与美丽乡村建设有机结合，聘请专家对梯田核心景区进行总体规划，在核心区8个建制村开展"美丽乡村"建设、全域环境综合整治，打造乡风浓郁、宜居宜游的人居环境。一是兴修水利保障设施。投入专项资金，加大农田水利设施建设力度，解决梯田农业基础设施落后问题，提高农民开垦种植的积极性；争取对接"梅西万亩灌区"、农田产能区等项目，加大农田水利等基础设施建设力度，在梯田核心区新建引水堰12座，实施渠道防渗工程8.5公里，有效解决梯田灌溉和基础设施落后问题。二是提升乡村道路设施。投入500多万元对县道吉联公路进行改造拓宽和绿化彩化，将吉联公路列入省级生态示范路工程，提高旅游通行条件。投入80万元，拓宽改造金鸡山景区公路2.5千米，建设景区公路错车道28处，方便了游客车辆出入景区。三是完善旅游服务设施。投入80万元，将闲置的旧乡政府大楼改造成联合梯田旅游服务中心，配套建设大型停车场和三星级旅游公厕。投入400万元，建设观景台3个、停车场2个、竹山登山步道800米，铺设电信下地管线400米。

种难度大，经济效益不明显，造成一定面积的梯田出现抛荒，且农户对梯田垦复持消极态度。

三、面临的问题与困难

虽然尤溪县在联合梯田保护开发上，做了许多积极有益的工作，也取得卓有成效的建树，但联合梯田保护开发还面临一些亟须解决和难以突破的困难和问题，主要有：

（一）认识上有差距

部分群众还没有充分认识农业文化遗产的价值及其保护的重要性，片面地认为农业文化遗产保护不能够直接带来经济效益，轻视农业发展；同时，由于梯田依山修建，田块大小不一，不能机械化耕作，耕

（二）政策上缺配套

近年来，尤溪县各级党委、政府对农业文化遗产的保护工作十分重视，但由于政策、资金等方面原因，保护仍存在较多困难，主要存在农业文化遗产缺少保护规划和法律法规支持，未能设立专项资金，对于农业基础设施建设投入不足，未能从政策、资金方面区别对待；同时，由于梯田耕作难度大、投入大，对于梯田农产品生产销售方面缺乏配套政策措施，在市场竞争中，造成投入与产出不能均衡，降低农民整体收益。

（三）保护上难聚焦

对于梯田的保护与发展，人们更多追求直接与旅游挂钩，而轻视传统农耕内涵。虽然尤溪通过加大政府投入，出台一系列惠农惠民举措，鼓励农民开垦荒地，引入能人回乡参与梯田旅游传承与保护，但梯田保护的关键主体是农民，对于如何长久调动农民积极性保护梯田，还缺乏行之有效的措施；同时，梯田开发旅游尚不成熟，民俗收入和农家乐收入并没有在很大程度上增加农民人均纯收入，导致农民参与保护梯田热情不高，对于梯田的耕作积极性不大。

（四）措施上缺后劲

虽然尤溪采取了多种措施，积极保护梯田生态环境，减少耕地抛荒，发展民宿旅游，增加农民收入，但近年来，由于许多传统的农业生产模式正在迅速消失，并且梯田传统耕作存在技术粗放、品种单一、种性退化、生产规模小、比较效益低等问题，导致当地农民维持这种生产模式的积极性不高；同时，随着经济社会的发展，大量中青年劳动力外出打工，留守在家的多数为老年、妇女等，劳动者体质弱、素质低，导致劳动力短缺，发展农业后劲不足。

四、下一步打算

下一阶段，尤溪将积极学习兄弟县市的好经验、好做法，不断加大联合梯田保护开发力度，重点从以下方面努力：

（一）制订长期保护措施

梯田的存在关键在于田的保护。为此，尤溪将建立长期保护机制，形成一整套完善的管理办法，适时出台有关农业文化遗产保护和发展的政策，确定所应遵循的原则，建立切实可行的管理体制和运行机制、制订保护和利用的规划方案，以及相关业务工作指导意见。

（二）建立财政投入机制

发挥政府在农业文化遗产保护的主导作用，加强政府财政的扶持力度，设立联合梯田专项保护基金。加强联合梯田生态多样性保护，不断完善农业基础设施建设，扶持联合梯田发展生态产品，发展生态旅游。此外，鉴于农业文化遗产地在维持区域生态平衡、改善农田环境、保护生物多样性等方面发挥的重要服务功能，进一步探索资金、技术、政策、项目等多种补偿方式，弥补农民因采取传统农业生产方式而增加的成本或减少的产量，探索农民合作社自主经营模式，鼓励群众以田入股，增加梯田耕种率。

（三）协调保护与发展关系

以"我家在景区"发展目标为指引，将梯田特有的农耕文化融入景区及周边村的整体建设规划，按"一村一策"确定重点建设项目，集中精力、有的放矢地推进工程建设；同时，结合美丽乡村建设，对梯田核心景区内的建筑风格进行统一设计，保护村庄原有风貌，打造美丽乡村建设和农业文化保护相结合的可持续发展道路。

（四）推进产业融合发展

积极引进社会资本参与梯田的开发，特别是引进一些有实力的企业，大力发展农业文化遗产保护地特色产业，形成"产业+保护"的发展模式，即：以产业发展带动基础设施建设，增加农业文化遗产保护投入资金，同时以农业文化遗产特色旅游为新增长点，促进产业发展，提升本土特色产业竞争力，形成良性互动，实现产业发展与梯田保护融合发展。

（五）强化基础设施建设

充分考虑梯田受制于自然环境条件的因素，在政策、资金方面进行区别对待，从产业、扶贫、旅游、财政、项目等相关政策上，支持遗产地的农田、水利、交通、旅游等基础设施建设，以点带面，助推城乡旅游发展。

“案　例

福建尤溪

三明小禾农业有限公司农业产业化发展经验

三明小禾农业有限公司总经理詹斌，是一名尤溪人。联合梯田是其故乡的一颗璀璨明珠，是每个尤溪人的骄傲。

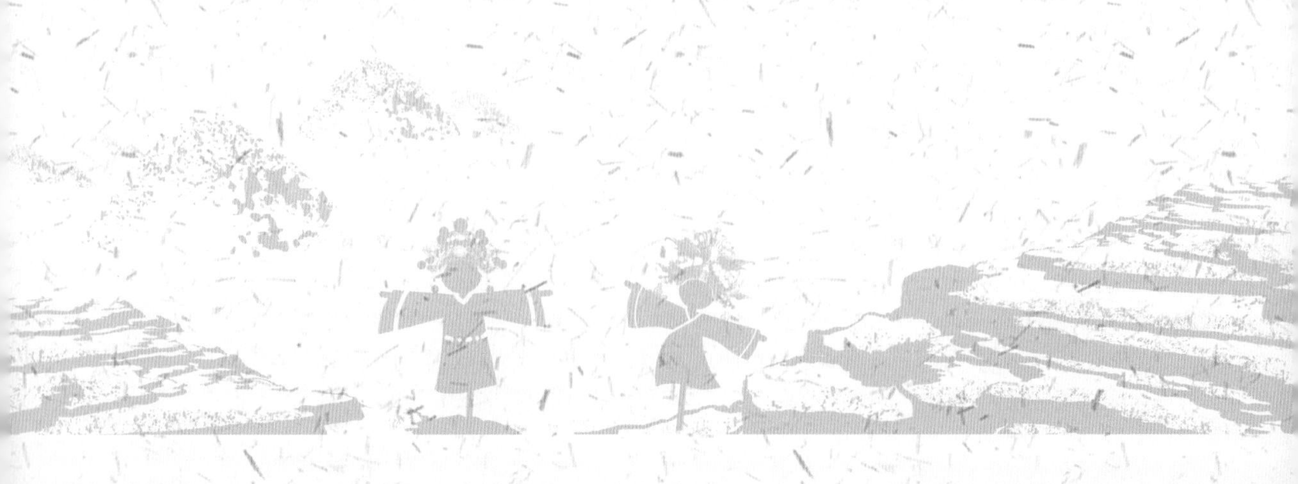

在农耕文明渐渐淡出人们视线的今天，随着生产力的发展和社会生产结构的变化，联合梯田作为农耕文化的一枚"活化石"，其实际作用开始减弱。随着时间推移，沧海桑田的变化不可避免，为了传承和保护这份沉甸甸的"传家宝"，让更多的人重新认识、了解联合梯田这一"活态"文化遗产，以最接地气、可持续的方式，让梯田以优美的姿态重新进入世人的视野，让全国甚至全世界知道有这么一个地方，有这么一个农耕文明藏在山中、世外桃源般让人欲罢不能，是詹斌的三明小禾农业有限公司（简称小禾农业）想做的。

要怎么做呢？詹斌认为，这里所强调的"接地气"的方式，就是小禾农业的农业产业化规划思路。在现在的市场经济大环境下，詹斌认为，任何只有口号和情怀的项目计划都是"空谈"。为

什么这么说呢？因为，商业的核心本质是"得利"。人的核心本质也是如此，比如"趋利避害"。任何产业化项目都离不开执行者、配合者以及消费者，只有让大家都得到好处、看到实际收入才有奔头。执行者和配合者收入更多了，消费者得到了更好的服务和体验，这样项目才能真正拥有可落地性和可执行性。

说了这么多，那怎么让大家得利？这就是小禾农业在联合梯田农业产业化中实际考虑的问题。

1.嫁接旅游，乡村变景区。作为第一产业的农业，如果坚持走传统发展的路子，显然不符合时代的要求，也必然会影响经济增长的步伐和农民增收。发展休闲农业与乡村旅游便是调整农业产业结构，促进现代农业，促进农民增收的一条出路。联合乡山清水秀，具有

优越的生态环境，是天然的动植物大课堂和名副其实的"绿色氧吧"。而梯田传统的农耕方式和独有的"竹林—村庄—梯田—水流"山地农业水利灌溉系统，使梯田成为生态农业的体验观光点和重要的绿色农产品生产基地。2017年小禾农业与联合梯田核心区签订了合作协议，将在联合梯田核心区投入2 000万元资金，建立集餐饮、住宿、娱乐、文化于一体的、综合性创业梯田度假村，配套带动整个联合乡乃至尤溪县经济文化的发展。同时规划建立的还有停车场、农耕文化交流中心、体验中心、民俗一条街、米博物馆等，配套建立完善的道路交通及公共卫生等民生系统。

2. 对接文化，观光变体验。联合梯田自古以来就有"丹溪河畔耕读传家"的文化传统，具有深厚的文化底蕴。经过数十代人的辛勤耕作和1 000多年的文化积淀，梯田已然成为承载丰富文化内涵的传统稻作农业文化体系，具有很高的农业历史文化价值。如农业生产知识体系、农耕习俗以及在此基础上建立的二月二"七伏虎岩庙会"、四月八"开耕节"、熬"九粥"等特色民俗活动，品牌内涵不断优化。2017年作为丰收的年份，小禾农业产业化项目已经通过春初开耕节的插秧等活动走入了游客的视野。在2017年9月，稻谷成熟时，小禾农业将配合联合乡举办"梯田丰收节""稻草人比赛"等文化亲子活动，以此来弘扬"丹溪河畔耕读传家"的农耕文化传统。通过体验各种农事及现收现做的农产品，为各类游客带来新奇的体验和关于农业与传承的思考，刺激农产品销售。詹斌认为，每年一次的梯田马拉松更加不能落下，这是小禾农业已经"走出去"的活动，必须要发扬光大，形成梯田的文化标志及传统。

3. 旅游反哺，投入变收入。马拉松让小禾农业看到了巨大的商机，休闲乡村旅游已经不是一个新兴的话题。然而，真正落地的农旅项目却寥寥无几，詹斌认为，一个道理，还是对前头所说的"得利"二字认识得不够彻底。

随着农业产业化项目的实施、休闲农业和乡村旅游的发展，通过租赁、土地流转等方式，把土地集中起来，建设休闲农庄或者集中连片进行农产品开发，提高农业附加值。这样一来，农民不仅可以拿到土地租赁费，还可以在家门口实现就业。在与联合梯田核心区的农业产业化合作协议中，小禾农业通过承包农田产出的方式，来规范种植标准，以双方满意的价格直接收购农民的产品，让农民只管按标准种好地，其他事情由公司来处理。小禾农业致力于打造联合梯田首个有机生态种植米基地，通过采用有机肥、物理治虫、人工锄草等方式，保护土地，提升农产品品质，降低安全隐患，真正意义上做到还原古农耕文化，把安全健康的农产品提供给消费者。打通从农田到餐桌的全产业链，小禾农业走出了第一步，也是最关键的一步。

小禾农业的民宿建设项目已经提上日程。通过各种项目活动带来的人源客流，受惠得利的不仅只有小禾农业本身，同样惠及当地农民。一个具有梯田文化地标性质的民宿集群，慢慢有了细致的轮廓。同时，通过联合当地农户，大力兴建农产品加工厂，把活动和旅游项目带来的人源客流通过商品销售进行变现，大家收入都增加了，经济指标提高了，干活也更有干劲。商品品质好，旅游地环境好，配套设施完善，一个良性循环建立起来，真正做到了"农业是本质，农产是核心，农游是动力"，实现一二三产业融合也不再是一句空话。

2016年，小禾农业举办的首届联合梯田马拉松赛，不仅吸引了大量来自全国各地及国外的运动爱好者，而且大力推进了联合梯田面向全国、全世界的步伐。汹涌而至的人潮给联合乡及当地农民带来了十足的信心，瞬间繁荣起来的住宿和餐饮，说明联合梯田有着世界瞩目的自然资源，而现在这个时代也是保护农业遗产，传承农耕文化最好的时代！

小禾农业只有一个梦想：就是让联合梯田以最完美的新姿走入所有人的视野，让世人懂得她的美好，体会她的温暖，也爱上她的精致与灵动。

广西龙胜

广西龙脊梯田农业生态系统保护与管理工作报告

广西龙胜县人民政府　广西龙胜县农业局

龙脊梯田位于广西桂林市龙胜各族自治县龙脊镇龙脊山区，因山脉如龙的背脊而得名。

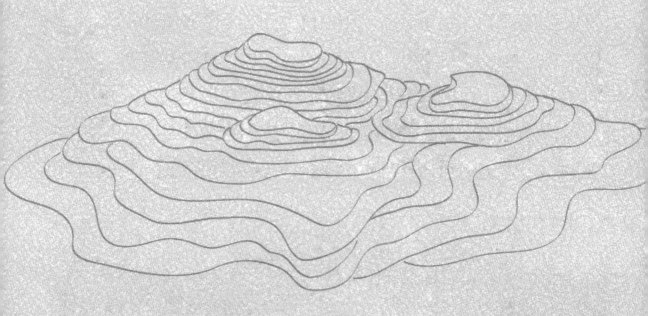

龙脊梯田的农业文化遗产核心保护区域主要包括平安壮寨梯田、龙脊古壮寨梯田和金坑红瑶梯田三大部分。但是近年来，由于农业劳动力资源不足、水资源浪费、土地利用竞争等原因，龙脊梯田的传承与保护都面临着严重的威胁，对于龙脊梯田的保护刻不容缓。近年来，龙胜县围绕龙脊梯田的保护与开发做了一些工作，并形成常态化保护机制，为梯田的可持续发展奠定了重要基础。

一、主要工作与成效

（一）农业生态保护方面

建立了龙脊梯田种质资源库，以长期保存龙脊梯田特有的珍贵种质资源，防止优质遗传资源流失。2016年已建成龙脊梯田种质资源恢复保护种植区，挖掘和保护龙脊地区的特有品种。对保护区的水质进行严格控制。加大环卫设施的投入，对生活垃圾进行集中处理，保护区内共投放特色垃圾箱300个，垃圾分类回收率达到30%。

（二）农业文化保护方面

成立了龙脊梯田文化研究中心，收集完善了与梯田生产相关的工具、习俗、生活用具、歌谣、传说、历史文献、服饰等，建成龙脊梯田农耕文化展示馆和龙脊梯田文化博物馆。

（三）农业景观保护方面

在核心景区平安、大寨、龙脊古壮寨，成立专门的景区环卫监督检查员，每天定时检查景区环境卫生情况。对保护区内的农业景观和古建筑进行重点完善及修缮，拆除不可利用、影响景观的闲置破房，并对主要道路两边的现代建筑的外观进行复古和还原。此外，在大综合服务区、平安1号观景点、大寨停车场等游客聚散地，按照统一规划，体现地方特色，新建的星级旅游公厕按规定时间建成完工并投放使用。

（四）休闲旅游发展方面

重点进行龙脊梯田文化博物馆、瑶壮族民俗文化体验区、休闲文化区及龙脊梯田美景观光区和观光带建设，完善景区服务体系。为打破龙脊梯田单一的旅游观光形式，

2016年，龙胜县农业局投入节庆活动资金6万元在景区举办了"三月三"黄洛红瑶"长发节"、5月龙脊古壮寨壮族"开耕节"、6月平安村壮族"梳秧节"、7月大寨红瑶"晒衣节"。通过一系列节庆活动，吸引国内外众多游客，扩大了景区的知名度和影响力，丰富了景区旅游文化，做活了梯田文章。并逐渐将龙脊梯田农业文化遗产地建设成为遗

产风景观光、民俗体验、山水游乐、文化鉴赏、生态品尝为一体的特色旅游区。

（五）龙脊梯田动植物资源多样性保护

龙脊梯田位于亚热带常绿阔叶林区域，地带性植被为常绿阔叶林，野生动植物资源丰富，是梯田可持续发展的基础。调查表明，龙脊梯田区域内共计有维管植物355种，隶属于84科220属，其中国家一级保护植物3种，国家二级保护植物7种。龙脊梯田湿地公园共有脊椎动物112种，其中国家二级保护动物15种。湿地公园内丰富的动植物是广西桂北地区重要的生物资源库，具有重要的生态价值和科学研究价值。

目前，已建成自治区级新鸟类自然保护区1个，距离龙脊梯田湿地公园约10千米，面积4 860公顷，是桂北地区候鸟迁徙通道之一，也是候鸟的主要中途停歇地和觅食地。该保护区对于包括龙脊梯田区域内的物种繁殖、维护区域内动植物资源多样性和完善大区域生态系统都有益处。

（六）形成科研与宣教相结合的示范窗口

龙脊梯田是中国重要农业文化遗产，也是中国古代农耕文明的活化石，还是"森林、村寨、梯田、水系"四度同构、人与自然高度融合、良性循环和可持续发展的生态系统，是中国水土保持系统工程的范例。古梯田积淀的厚重生态理念和建管经验，为现代坡耕地治理工程提供了宝贵经验，为全球生态农业建设提供了重要参考。近年来，龙脊梯田管理委员会通过建立"龙脊壮族生态博物馆""民族文化传习中心"，形成科学研究与科普宣教相结合的示范窗口，将弘扬民族传统文化与科普宣教相结合，通过保护和传承，避免文化断档。

（七）经营管理能力方面

2016年度，龙胜县政府组织培训遗产地农民500人次、培训经营管理人才100余人次。2015年设立了龙脊梯田及相关产业发展基金，到2016年，该基金规模已达200万元。此外，还构建了龙脊梯田数字化管

理体系，以提高当地管理者的经营管理能力。

二、取得的经验与存在的问题

（一）主要经验

1. 保护是开发的基础，并重才能可持续发展。在保证经济发展的情况下，要更加注重保护自然环境，保护当地的农业文化和民俗文化遗产。

2. 充分吸引社会资本加入遗产地的保护工作，但政府要发挥监督引导职能。各项保护工作任务繁重，需要足够的资金支持来完成各项保护行动，政府必须拓宽融资渠道来获得充足的资金作为行动的保障。同时，社会资本在遗产地的投入也需要政府的规划引导与监督，避免破坏遗产地的环境和文化。

3. 要充分协调各利益群体，特别是广大的景区居民，要保障他们的合法利益不受到损失，才能充分调动他们保护当地环境与文化的自觉性和积极性。

（二）存在的问题

1. 部分古建筑修葺和复原进度缓慢。

2. 随着龙脊梯田知名度的日益提高，黄金时节大量游客的高密度涌入，使不少地区不堪重负，目前正在规划疏流及限流措施。

3. 管理部门经费不足，解决景区基础设施建设问题的能力有待提高，农耕文化和民俗文化的保护与宣传力度仍待加强。

三、下一步工作计划

1. 与南京农业大学卢勇、展进涛教授的团队紧密配合，做好全球重要农业文化遗产的申报工作，并对后期5～10年的保护与发展作长远打算。

2. 继续推进农业生态保护工作，保护当地生物资源，治理环境污染。保护并宣传当地的特色农耕文化和民俗文化，加快文化馆建设进程。

3. 保护当地特色建筑和农业景观，加快对传统建筑的修缮和复原。

4. 加快梯田基础设施建设，努力提高景区建设水平；丰富旅游文化，做活梯田文章，继续搞好2017年龙脊景区文化节庆活动，但需做好游客限流准备，以免过度涌入。

5. 加快当地特色农产品规模化、品牌化、高质量化的建设进程，通过各种途径进行宣传，提高知名度。

6. 完善龙脊梯田保护法规，做到有法可依，坚决拆除违法乱建与破坏梯田景观行为。

湖南新化

新化紫鹊界梯田申报全球重要农业文化遗产保护与发展主要工作情况汇报

湖南省新化县政府

新化紫鹊界梯田于2013年5月被农业部批准为中国重要农业文化遗产。同年9月，新化县开始着手紫鹊界梯田全球重要农业文化遗产申报工作。两年来，新化县为遗产申报做了大量工作，也得到了闵庆文教授等各位专家和国家、省、市农业部门的大力支持。

一、所做工作

（一）成立领导小组

成立了紫鹊界梯田申报"全球重要农业文化遗产"工作领导小组和办公室，统筹协调，在组织上加强对申报工作的指导，全面保障申遗工作顺利有序开展。

（二）组织交流合作

2016年，配合中国科学院地理科学与资源研究所研究员、联合国粮食及农业组织全球重要农业文化遗产项目指导委员会委员、中国办公室主任闵庆文教授，组织由闵教授带队的中国科学院和各国各地的专家领导来紫鹊界实地考察，随后又邀请联合国粮食及农业组织的专家和驻华使节等来紫鹊界实地考察；同时还配合组织新化县申遗工作小组去其他申报遗产地交流学习。通过实地考察和交流学习，新化县不断地做细、做强、做好紫鹊界梯田的遗产申报工作。

（三）强化宣传工作

一是走村落地。每个村以村支两委为宣传核心，利用开村民大会、村民小组会议、村公告栏、村广播、村小学、村电影放映、村远程教育中心、村农家书屋等对农业遗产进行全方面宣传。二是县、乡下村走访，利用发放宣传单、讲座等多种

形式宣传梯田保护的重要性。三是邀请全国知名新闻媒体、网络记者到紫鹊界梯田采风，通过媒体宣传活动扩大紫鹊界梯田遗产地的知名度，同时也宣传了申报全球重要农业文化遗产的重要性。

（四）大型活动推动

为了申报全球重要农业文化遗产，新化县组织召开了紫鹊界梯田遗产保护研讨会，共同探讨梯田保护、梯田认租与旅游精准扶贫。2016年，组织"紫鹊春天会"参加了巴黎国际博览会等活动。其后，又邀请中国科学院地理科学与资源研究所多名专家到新化县挖掘紫鹊界梯田丰富的自然与人文历史资源，从农业生物多样性、生态系统、传统文化等多个角度展示紫鹊界梯田的独特魅力。

（五）积极完善申遗文本

新化县积极按农业部的申报及遴选程序，以及联合国粮食及农业组织申报全球重要农业文化遗产的文本要求，配合申遗专家召开文本修改交流会等工作，全力以赴地组织并做好申报书的编制与相关政策文件、基础图件、照片或视频、拍摄纪录片等素材的收集工作。

（六）新化县人民政府高度重视遗产申报工作

首先，高度重视农业文化与景观的挖掘和保护。新化县政府先后投入逾2亿元开展紫鹊界梯田遗产的各项保护性项目，包括梯田保护与自流灌溉系统修复项目、小流域生态综合治理项目、山歌培训项目、民居风貌建设项目和景区观景台建设项目等。其次，新化县委、县政府积极加强传统文化的保护工作，成立了新化县民间文化遗产抢救工程领导小组，组建了民间音乐与民间文学采编小组。将新化山歌编成乡土教材试点教学，组建了10支民间山歌队，举办山歌艺术培训班；充分挖掘水车本地傩戏、武术、草龙舞等民俗文化资源，组建民俗文化表演艺术团；举办各种专题学术研究会议等。再次，新化县委、县政府建设并开放了紫鹊界梯田农耕文化博物馆，有效推动了相关农业文化传承；充分利用紫鹊界的自然优势和资源潜力，积极推动有机农业的产业化发展，完成紫鹊界田鱼等标准化示范基地建设项目，打造国家生态有机稻种植示范基地，并在全县推广与应用。最后，新化县不断地通过人大立法等工作，从法律、制度层面不断地加强遗产地的保护工作。

（七）紫鹊界梯田—梅山龙宫风景管理处充分发挥申遗主体作用

管理处加大了对梯田资源的保护力度，制定了相应的保护条例，在遗产地成立执法大队，随时监控梯田保护情况，随时监督景区村民违建情况，有效地保护了梯田遗产。管理处积极参加各种遗产申报活动，精心组织和策划专家调研考察，认真组织文本编写等申报工作。

（八）水车镇人民政府积极发挥遗产的传承和保护作用

一是加大投资力度，不断完善基础设施。预计2016—2017年投资

高达4亿元。二是组织村民共建，不断保护梯田景观。鼓励当地农民复垦梯田500余亩。三是对镇区与进入景区道路进行环境卫生整治，不断美化入景道路。投入400万元对进入景区的道路进行绿化美化。四是组织景区新型职业农民培训。培训了一批农家乐能手、种田能手、养殖能手。五是积极发展遗产地产业种植。已发展茶叶种植3 000亩，金银花种植6 000亩。

（九）新化县紫鹊界风景名胜旅游开发有限公司主动发挥参谋和助手的作用

一是成立梯田景观事业部，积

极做好梯田种植工作。2016年共复垦旱化梯田949.05亩，渠道整修18 757.3米；与金龙村、锡溪村、老庄村、白水村、石丰村一起进行景观改造建设，打造油菜花、紫云英、彩色稻等景观。二是成立商业服务部，不断对景区产品进行发掘、研发。大力发展梯田有机稻种植，做大做强农产品附加值，增加景区居民收入。2016年与"快乐购"合作，现场销售大米5万千克，有效地提高了梯田景区种粮大户的积极性。

（十）新化县职能部门各自发挥职能优势，服务遗产地工作

畜牧水产局在梯田景区推广稻田养鱼等生态养殖。商业局积极组织紫鹊界梯田景区土特产品参加全国、省市产品推介会，鼓励电商进行网上销售。交通局对景区进行全方位支持。

（十一）遗产地相关企业相互补充、相得益彰

紫鹊界梯田农业文化遗产地范围内目前成立了8家农业企业。这些企业生产的部分产品已经取得国家有机、绿色或者地理标志产品认证，创立了"紫贡黑米"、紫鹊界"黑米"、紫鹊界"红米"等附加值较高的特色农产品品牌。同时，新成立的新化县文化旅游投资有限公司以紫鹊界梯田等景区为重点，加强旅

游整体宣传促销活动，举办旅游推荐会和旅游节会，不断扩大紫鹊界梯田的影响力。

通过以上工作，紫鹊界梯田景区正龙古村被农业部评为中国最美休闲乡村，景区知名度和人们的保护意识得到进一步提高，景区接待游客量与收入都比2015年同期增加了一倍。目前，景区共发展农家乐、民宿点150家，复垦梯田950亩，建立梯田有机彩色稻种植10 000亩，穆子种植500亩，稻田养鸭养鱼500亩，茶叶5 000亩，中药材20 000亩，水土保持林5 000亩，民俗表演人员增加到500人，同时农特产品销售增加到300万元。景区各种基础设施日趋完善，严格按照5A景区标准进行建设。前后山门建有43 000平方米的高标准环保停车场，前门广

场、五星级游客中心、景区公路白改黑、环线公路拉通等也达到建设标准。新化县通过各种努力，正在实现紫鹊界梯田景区和农业文化遗产保护与发展双赢。

二、经验与不足

（一）成立强有力的申遗领导机构

申遗工作是一项繁杂的工作，要在县委、县政府的统一领导下，安排专门机构、专门人员、专门经费组织各个部门共同参与，协同作战，各负其责，全力以赴做好紫鹊界农业文化遗产申报工作。

（二）正确认识申遗工作

申报工作是一项长久工作，而且申报竞争激烈，申报工作可能不会一次性成功，所以申报工作要做好打持久战的准备。同时做好遗产申报和宣传教育工作，大力倡导农业文化遗产的传承和历史价值。

（三）遗产地保护与开发并举

遗产地要更加注重农业文化遗产的意义，保护与开发要齐头并进，并且着重保护，这样才能长期发挥农业文化遗产的作用与意义。另外，要大力地推进遗产地人民生活水平的提升，这样才能在发展中更好地保护遗产地。

三、下一步工作

(一) 加强遗产地保护

一是加强农业文化遗产的保护立法。从立法的角度加强遗产地保护。二是加强遗产地执法力度。景区执法队就遗产地建房、梯田旱化、景区基建等方面加强执法检查力度，发现一起，查处一起。三是形成部门协调保护机制。新化县紫鹊界—梅山龙宫管理处与水车镇人民政府、新化县农业局、县林业局等部门加强协调，各部门加强联动与联合保护机制，对遗产地实行全方位保护。

(二) 加强遗产地开发

一是充分发挥紫鹊界旅游开发有限公司的作用，充分挖掘紫鹊界旅游的商业价值，提高紫鹊界农产品的附加值，形成较为完备的商品体系。二是加强遗产地宣传作用。加强遗产地的品牌宣传，提高遗产地品牌价值。

(三) 强化遗产地的精准扶贫效应

充分利用农业文化遗产的品牌效应，有效开展遗产地梯田认租工作，建立农业合作社，加强对贫困农户的扶持，发挥农业遗产的精准扶贫作用，使遗产地贫困农户早日脱贫致富。

图书在版编目（CIP）数据

全球重要农业文化遗产（GIAHS）实践与创新／农业部国际交流服务中心编. —北京：中国农业出版社，2018.3

ISBN 978-7-109-23929-6

Ⅰ. ①全… Ⅱ. ①农… Ⅲ. ①农业−文化遗产−保护−研究−中国 Ⅳ. ①S

中国版本图书馆CIP数据核字（2018）第034606号

中国农业出版社出版
（北京市朝阳区麦子店街18号楼）
（邮政编码 100125）
责任编辑　郑　君　刘晓婧
———————————————————
北京通州皇家印刷厂印刷　　新华书店北京发行所发行
2018年3月第1版　　2018年3月北京第1次印刷
———————————————————
开本：787mm×1092mm　1/16　印张：15.25
字数：240千字
定价：98.00元
（凡本版图书出现印刷、装订错误，请向出版社发行部调换）